BE
STUPID
for Successful Living

倫佐・羅素 Renzo Rosso———著 林詠心———譯

Renzo Rosso, BE STUPID for Successful Living
© 2011 RCS Libri S.p.A., Milan
Designed by Stefano Rossetti and Daniela Arnoldo for Pepe nymi.
Jacket design by Diesel / Davide Vincenti
The *Strategia dello Stupido* texts by Guido Corbetta
Photography Credits
Renzo Rosso's personal archive: pp. I, II top, VIII top
Diesel's archive: pp. II bottom, III, IV, V, VI, VII, VIII bottom
The ad campaign photograph (p. IV bottom) by Ellen Von Unwerth
Every effort has been made to cite all copyrighted materials. Any inaccuracies brought to the
Publisher's attention will be corrected for future editions.
Part of the proceeds from the sale of this book will be donated to the not-for-profit organization Only
The Brave Foundation (www.otbfoundation.org)
Complex Chinese Character translation copyright © 2013 by Faces Publications, a division of Cité
Publishing Ltd
All Rights Reserved.
Part of the proceeds from the sale of this book will be donated to the not-for-profit organization Only
The Brave Foundation

企畫叢書 FP2248

BE STUPID，Diesel創辦人給愚人世代的宣言
如果你不曾做過蠢事，那麼你根本沒做過任何事

作　　　者　Renzo Rosso
譯　　　者　林詠心
編 輯 總 監　劉麗真
主　　　編　陳逸瑛
編　　　輯　賴昱廷

發 行 人　涂玉雲
出　　　版　臉譜出版
　　　　　　城邦文化事業股份有限公司
　　　　　　台北市中山區民生東路二段141號5樓
　　　　　　電話：886-2-25007696　傳真：886-2-25001952
發　　　行　英屬蓋曼群島商家庭傳媒股份有限公司城邦分公司
　　　　　　台北市中山區民生東路二段141號11樓
　　　　　　客服服務專線：886-2-25007718；25007719
　　　　　　24小時傳真專線：886-2-25001990；25001991
　　　　　　服務時間：週一至週五上午09:30-12:00；下午13:30-17:00
　　　　　　劃撥帳號：19863813　戶名：書虫股份有限公司
　　　　　　讀者服務信箱：service@readingclub.com.tw
香港發行所　城邦（香港）出版集團有限公司
　　　　　　香港灣仔駱克道193號東超商業中心1樓
　　　　　　電話：852-25086231或25086217　傳真：852-25789337
　　　　　　E-mail：citehk@hknet.com
馬新發行所　城邦（馬新）出版集團【Cite (M) Sdn. Bhd. (458372U)】
　　　　　　11, Jalan 30D/146, Desa Tasik, Sungai Besi,
　　　　　　57000 Kuala Lumpur, Malaysia
　　　　　　電話：603-90563833　傳真：603-90562833
一 版 一 刷　2013年6月

城邦讀書花園
www.cite.com.tw

ISBN 978-986-235-243-4
翻印必究（Printed in Taiwan）

售價：260元
（本書如有缺頁、破損、倒裝，請寄回更換）

國家圖書館出版品預行編目資料

BE STUPID，Diesel創辦人給愚人世代的宣言：如果你
不曾做過蠢事，那麼你根本沒做過任何事／倫佐．羅素
（Renzo Rosso）著；林詠心譯. -- 一版. -- 臺北市：臉
譜，城邦文化出版；家庭傳媒城邦分公司發行, 2013.04
面；　公分. --（企畫叢書：FP2248）
譯自：Be stupid for successful living
ISBN 978-986-235-243-4（平裝）

1.職場成功法

494.35　　　　　　　　　　　　　　　　　102004337

BE
STUPID
for Successful Living

倫佐・羅素 Renzo Rosso———著　林詠心———譯

目次

序言

　　我無法隱藏自己對於企業家的喜愛，以及那些為了追求心之所嚮而甘願以手中一切作為賭注的人。他們意志堅定，他們願意努力，他們總是能夠比別人搶先一步，他們永遠不保守地參與賭局，而且他們接受失敗的可能性：這樣的人贏得我的敬佩。我喜歡他們，因為這些人才是真正對我們生存的世界做出實質貢獻，使之不斷進步的人。

　　倫佐・羅素（Renzo Rosso）是一個真正的企業家。在過去三十餘年間，他闖盪於一個看似將被美國人永遠宰治的領域，並打造出一家國際級企業。一路走來，他從錯誤中學習，秉持著一個強烈的信念：「安全保守地玩絕不可能達成革新，唯有冒險才能帶來進化。」

　　本書的各個章節闡述了倫佐的哲理，我相信每位讀者會對不同的重點感到興趣。其中一個事件讓我覺得真是「非常高明的愚笨」，那是在倫佐接受坎城廣告獎的殊榮時，有四個同事戴著跟他一模一樣的面具，和他一起上台領獎。想像一下，倫佐如此的慷慨大方想必會讓這四個同事以及台下觀眾們多麼印象深刻啊！想要打造一個充滿動力與決心的團隊以完成最具野心的目標？這個簡單的動作就說明了你所需要知道的一切。

　　倫佐・羅素不是字面上的「笨蛋」；他並不符合字典定義裡的「擁有或表現出非常低的智商」。不過，「笨蛋」這個字來自於拉丁

文，它與「使驚愕」這個動詞相關；所以，在我看來，為什麼羅素會寫道：「未來即使『耍笨』（be stupid）運動告終，這樣的理念還是會永存在Diesel的基因中。」他所秉持的哲理是要教導人們對現下發生的事感到驚奇，並且能做出使別人驚愕的事。

少了驚奇，每件事物都會變得老套，缺乏新鮮感。使我們感到驚愕的事不必然都是令人愉悅的感受，但如果能夠明智地運用，這些事物就可以觸動我們的心靈，幫助我們思考敏感的社會議題。倫佐·羅素的六個孩子顯然已經承繼了這樣的哲理。

本書收錄了其中三位孩子（安德里亞、史蒂凡諾和阿雷西亞）所寫的書信，足以代表他們致予這個家庭的謝禮。在成長過程中，這些孩子就被灌輸以「一種獨特且開放的方法來看待世界，帶有不甚敬重的態度和強烈的幽默感——簡言之，耍笨！」

如同他們的父親，孩子們擁有「非常高明的愚笨」點子：為了慶祝Diesel品牌的十三週年慶，他們給世界各地的Diesel粉絲送了一個大禮——把公司的核心商品跳樓大砍價一天。

這個家族事業的成功秘訣之一很單純，不過就是以嶄新的方式建立品牌的恆久價值。倫佐·羅素不只對自己的小孩傳授這種哲理，也對所有與他共事的同仁這麼做。本書的字裡行間充滿了設計師、廣告公司和許多「將自己推向極限……而且沒有墜落」的人，還有那些學會感受驚奇與展現驚奇的人。倫佐以這本著作，目標是對廣大的潛在讀者說話，意圖描繪出他作為一位成功的企業家所信仰的哲學。每一則企業故事都是獨特的，而成功總是由許多個人要素集結於一身才能造就的成果；然而，就我看來，讀者可以在閱讀的過程中找到一名企

業家必備的重要條件：有時候，你必須做出一般公司可能覺得愚蠢的決定。

試想一下，假如你的主要競爭對手在美國紐約，你會把自己的第一家店開在它的對街嗎？倫佐這麼做了，而且結果一鳴驚人。

Guido Corbetta
米蘭博科尼大學（Bocconi University, Milan）企業策略教授

為什麼要耍笨

　　Diesel辦過許多廣告活動。每一次活動內容都至少有一部分是在傳達品牌的本質精華：性感、煽動、古怪、諷刺，有時都令人眼花撩亂了；不過，我們總是努力讓活動極其好玩，永遠不低估人類的智慧。

　　儘管如此，有一天我們推出了一個高喊「耍笨」的活動，其概念很簡單：將我們工作與思考的方法轉化為一個宣言。「耍笨」意謂著，對於任何理性的人勸你不要做的事情，就去做吧：大膽一點，勇敢一點，把自己推向極限，打破規則，聽從你的直覺與你的心；做一件你樂在其中的事，當別人警告你要小心後果時，別怕。

　　這是一個絕佳的點子，而且它深深地打動了我們的品牌粉絲與世界各地的創意人士。

　　很快地，我就意識到「耍笨」不只是一個廣告活動：正如我們曾喊出的其他口號，如「為了成功的生活」，「耍笨」這個詞完美地捕捉到我們的企業精神。「耍笨」不只是一個口號；它就是我們。

　　「耍笨」是一個威力強大的哲理。在我們做每一件事情時，都應該自問這種愚蠢的因子濃度夠不夠高。我們是否真的夠大膽到對市場產生影響？或者我們是否在妥協？

　　既然我相信分享的力量，便決定要寫一本關於「耍笨」這個概念

以及 Diesel 歷史的小書。在本書中，你將看到一些對我們十分具有決定性的關鍵時刻，還有那些在一般公司眼中肯定認為很笨的決定。我們從這些經驗中學到了什麼？其他人又可以從中得出什麼結論？

在接下來的字裡行間，你會讀到有關我本人，我的朋友、同事，甚至是我的家人的趣聞。這些章節名稱全都取自「耍笨」的廣告活動中。

身為公司創始人，同時也必須對許多人的職涯負責，我反對毫無正當理由的耍笨。Diesel 與其企業集團 Only The Brave 是各自獨立的：意即，我不必回應任何頭痛的股東。然而，我極其尊重我的同僚而不願讓他們的工作面臨風險。我唯一要求的是，請他們在不致墜落的範圍內，將自己盡可能地推向極限。

在此，我謙遜地向你致上這本書。希望你能從中讀到我們公司的精采故事，一個新意識型態的起點，當然還有，一場愉悅的閱讀之旅。

樂在其中

Renzo R

xxx

IL FURBO VEDE LE COSE COME SONO. LO STUPIDO COME POTREBBERO ESSERE.

/01

聰明人看到現況，而傻子看到可能性

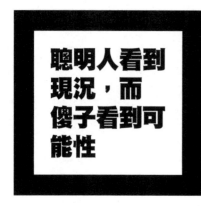

聰明人看到現況，而傻子看到可能性

從一隻兔子開始

很少人知道我在農場長大。我自傲於自己的出身，也很得意能夠以那麼實在的方式被拉拔長大（並且學會那些生命中真正重要的事物，例如尊重他人與自我尊嚴。）

我父母的農場位於波河河谷（Po Valley）的一座小鎮布魯吉內（Brugine）上，距離今日 Diesel 總部約六十多英里（一百公里）的地方。在當時，這個區域要比現在富裕得多了。整個鎮上只有兩台電視機（一台在酒吧裡，一台在教堂的聖器室），以及一輛給兩千人共用的汽車。童年時的一件趣事，鮮活地顯露出我未來的職業。我熱愛戶外活動，但不怎麼專注於讀書；我的朋友華特（Walter）則是班上永遠的頂尖學生，也是一個好男孩。有一天，他送我一隻他父親飼養的兔子。他原本打算我們一起將這隻小傢伙煮來吃，但我卻對飼養過程深深著迷，拜託他向我解釋他父親的所有技巧。幾天之後，我發現這隻兔子是母的，而且懷孕了！我趕忙跑去買了一些養雞用的鐵絲網，然後用一支鉗子組了幾個小籠子給兔寶寶們，裡頭架有基本的食物和飲水系統。（基本上，我只是剪開一些塑膠瓶倒置其中。）一年半後，我養了一百五十隻兔子，半數留下來飼養，其他的就每個月和爸爸拿到市場上販賣。我的腦海中描繪出一個畫面：在大人的世界裡，一個小男孩決心將他的兔子賣給出最高價的買家。我有一套銷

售策略，其中包括了強調這些兔子是以完全自然的方式飼養長大的。到了十二歲那年，我已經是一名專業的飼主。

接著，我的腦袋叩叩作響。一瞬間，我看到了自己的未來！從那個有生以來的第一次生意經驗，我學到了：如果你擁有一項好產品，願意努力並耐心等待，那麼你就有機會賺到一點錢。

幾年之後，兔子續集再度上演，那時我發現了一個更棒的產品。

不過那就是另一個故事了。

笨蛋策略

聰明人看到現況，而傻子看到可能性

知道一個人的故事、他的過去，可以幫助你了解現在的他。

如果你生活在一個農場，如果你的父母教給你的是基本、實用的價值觀，如果你不浪費時間看太多電視（即使是因為電視機並不常見），如果你擁有很大方、會送你兔子的同學，而且你找到願意教導你如何飼養的人，那麼你就很有機會靠著賣兔子賺一頓溫飽。然而，這樣是不夠的。

你同時也需要經歷靈光乍現的那一刻，讓你知道除了把兔子吃掉之外還有別的選擇。你必須好奇心十足，才會問到如何飼養兔子；也必須夠聰明，才能仔細地聽懂別人的回覆。你需要手作技巧來架製兔子的窩。你還需要足夠的耐心來等待牠們長大，然後有一股天真的勇氣來試著在「大人」的世界裡販賣你的商品。

簡言之，企業家擁有「看到」創新機會並抓準發揮的能力，不論是單打獨鬥或是團隊合作。生意機會無處不在，企業家不過就是那些「做好準備、積極熱忱，而且略有本事」的人；他們會不屈不撓地全心投入，尋找各種可能的機運。

其中當然也包括了一點運氣成分。如果華特送給倫佐的兔子是公的，那麼故事的發展會不會不一樣呢？也許吧，因為這門兔子飼育的生意可能開始不了。不過，這位「愚笨」（或者說是「令人驚愕」）的男

孩應該會本著他的企業家精神，尋求其他的出路。事實上，這正是之後發生的故事。

我的笨點子

IL FURBO CRITICA. LO STUPIDO CREA.

/02

聰明人批評，但傻子創造

聰明人批評，
但傻子創造

丹寧布
推開時尚大門

當我還年輕時，父親最驕傲的就是看到他的孩子接受正規教育。我是三個孩子當中最年幼的，而我的兩個兄長早已決定不走升學之路。在成長的過程中，我開始考慮各種可能性。直到我進入青春期，如同大多數的青少年，我把心思放在三件事情上：音樂（我在一個樂團裡擔任電吉他手）；長相（這是宣傳自己的重要管道）；女孩（不見得是照這個順序——其實女孩是最優先的）。我聽說在帕多瓦（padua）有一所學校「馬可尼學院」（Istituto Marconi）——今日已改名為納塔學院（Istituto Natta）——為想要成為製造業顧問的人提供專業課程。這是一個全新的實驗性學術領域——在義大利首見——師資也不是全職的教授，而是當地紡織業的工作者。因此，他們可以與學生們談論時尚產業的幕後真相，頗具啟發性。老實說，我選擇這所學校，是因為人們認為它很「簡單」，也就是說「很蠢」，但是這個學校的確激發了我的想像力。

我開始學習工業流程（如何製造），並且參加工作坊（如何剪布再一片片聚合起來）。有一次，我去聽了一場關於「如何製造一件 T 恤」的講座，事後慷慨地把筆記分享給同學們；如果我沒記錯，那些筆記至今還在校園裡到處流傳著。有一天，一個在紡織業工作的朋友給我弄來

了好幾米從美國進口的丹寧布，我一看就知道該如何料理這批布。我運用當時在學校學會的一些技巧，設計出一個樣式；然後，我跟媽媽借縫紉機，興致勃勃地做出一件衣服，非常地有原創性：一件低腰的緊身喇叭褲，褲角展開四十二公分。（當時可是一九七○年代！）在我生活的那個地區，沒有人見過這樣一件衣服。

十五歲的我，自己做了生平第一件牛仔褲。當然啦，它不是很完美，像是拉鏈有問題：我沒有在拉鏈後面縫上一條布，所以每次拉上拉鏈時都會冒冷汗，擔心一不注意就會導致十分痛苦的意外。至今我還是不太確定自己是打哪兒蹦出這個笨主意，因為我用的丹寧布很硬、不舒服，我還在後院的水泥磚上用力搓揉它。也許就是那時，我不經意地發明了仿舊磨損的牛仔褲吧。

這條牛仔褲十分轟動：我身邊的朋友全都想要一件。於是，我向他們收取一條褲子3,500里爾，大約比今日的1.8歐元還便宜一些，以支應人工和材料成本。這是真正客製化的產品，我為每個朋友都做了。最後究竟做了幾條褲子？我不太確定。大概在三十件上下吧，雖然對當時的我來說，那工作量彷彿是做了上百條褲子。

自此，我認識了裁縫業、時尚業，這個我毫無背景也非門第出身的世界……但最重要的是，我發現了丹寧布。從此之後，我不再回頭。

聰明人批評，但傻子創造

笨蛋策略

倫佐的朋友華特給了他一隻兔子。幾年之後，另一個朋友則給了他幾米從美國進口的真丹寧布，而之後還有更多的朋友拜託他幫忙縫製褲子。

一個問題很自然地浮上心頭：為什麼倫佐有這麼多朋友？也許是因為他不會拿自己的智慧來自吹自擂；也許是因為他從不批評別人；也許是因為他玩電吉他（很厲害？）；也許是因為他長得好看。

我不確定答案是什麼，但我知道一個傻子會先建立朋友網絡，並且以尊重的態度來鞏固彼此的關係。這是發明家和企業家之間很重要的差別：一名企業家必須與他人合作、為他人服務——不論是他的客戶、同事或是供應商。

一名企業家必須以創新的方式製造出滿足現時需求的產品。羅素的故事告訴我們，為了創新，你必須沉浸在自身所處的環境中，而且要隨時警覺其中潛在的優勢：像是學校、媽媽的縫紉機，還有對購買族群（在這個案例裡就是女孩們）具有影響力的人，你要向他們展示你的產品、聽取他們的意見回饋。你的房間也可以是工作坊和倉庫。

傻子之所以快樂，不是透過批評某個人事物（例如老師很無趣；媽媽的縫紉機很老舊；我的房間太狹小）；相反地，他們的快樂是來自於看到自己的腦袋和雙手所創造出來的美。

還有一個問題尚待解答：為什麼倫佐只收取一條褲子3,500里爾呢？

我的笨點子

SE NON HAI FATTO MAI NIENTE DI STUPIDO, NON HAI FATTO NIENTE DI NIENTE.

/03

如果你不曾做過蠢事，那麼你根本沒做過任何事

如果你不曾
做過蠢事，
那麼你
根本沒做過
任何事

從「你不用來了」
到「我不幹了」

我很幸運擁有一位絕佳的心靈導師：亞德里阿諾·戈斯密（Adriano Goldschmied）；但不幸地，我們之間出了一點問題。當我完成學業，在亞德里阿諾的公司Moltex覓得了一份工作，這家公司當時生產的可是市場上最流行的牛仔褲：Daily Blue。我在面試時並沒有坦誠相告幾個月後即將入伍；而且我還謊稱自己有工作經驗，但事實上我不過就是在教室裡學了點有關這個產業的知識。沒想到我的職務竟然是負責監督生產線上的十八個工人。即便我對這個產業有一定程度的理解，卻也只限於理論；在現實中，我面對的是十八位工人和他們負責的機具，還有一堆準備要組合起來的裁切布料。這是一個巨大的衝擊，而我根本不知如何開始。在驚慌之餘，我趕忙打電話向一位曾經做過類似工作的朋友求援，我問他：「我該做什麼事？」

當時的情況就像電影裡的場景，彷彿一位被迫想辦法把飛機降落的乘客，手足無措地與機場塔台人員保持聯繫。

我想我肯定撥了不下二十通的電話給他，至少每二十分鐘一次。那天傍晚，我經過他家，花了一整晚絕望地蒐集所有能夠拯救局面的資訊。

第一個星期就出糗了，我連一條牛仔褲也生不出來，但幸好我的老闆出國了！之後，情況終於緩慢地漸入佳境；到了月底，我開始感到得

心應手。接受這份工作當然是非常危險的行為，但又一次地，我幾乎沒什麼好損失的，而且我知道無論如何都會讓事情順利進展。每當我對一件事情有強烈的感覺，我總是義無反顧地投身進去；只要盡一切力量堅持下去，通常都會看到好運來敲門。因為這件事到了最後，我發現自己根本不必服兵役：針對一九五五年後出生的男性，政府決定只徵召百分之五十的役男入伍。「55」這個數字總是給我帶來好運！

我在這個崗位上待了兩年半，最後對自己的表現心滿意足。那時我二十歲，熱愛生命也熱愛女人；至於工作，我不再那麼專注，表現也開始走下坡。

一天傍晚，亞德里阿諾邀請我到他家吃飯，席間還有其他客人。餐會到了一半，他把我喚進書房裡，跟我說：「我喜歡你，而且你絕對有足夠的才能，但是你不想努力工作。你走吧。」我聽了十分震驚，苦苦哀求他，說：「我會證明給你看自己的努力程度。」我向他承諾。

幸運的是，亞德里阿諾的妻子羅瑟拉（Rossela）很喜歡我，她說服他給我第二次機會。如今回想起來，女人也總是給我帶來好運！於是，亞德里阿諾對我端出了一個憑績效分紅的獎勵機制。

只要我的產量有小幅提升，就可以得到一個 X，大幅成長則是一個 Y，若是能夠達到幾乎不可能的鉅額成長，那就是一個 Z。這對我來說是個很好的動機。如果你告訴我，有件事我辦不到，那麼我就會把自己朝極限逼進，證明你看走眼了。

第一個月我就立刻達到 Z 的水準：我的薪水從 24 萬里爾躍升到 240 萬里爾，而且持續了三個月。因為擔心被炒魷魚，再加上「不可能」的目標，驅使我努力前進，並且讓我看到自己也有能力達成驚人之舉。就在那時，我告訴亞德里阿諾：「多謝啦——但現在我要辭職了。」

如果你不曾
做過蠢事，
那麼你
根本沒做過
任何事

笨蛋策略

沒有任何經驗又不坦誠地應徵工作是不合理；在一個崗位上做了兩年就洋洋自滿（才二十歲！）也不合理；讓自己承擔被炒魷魚的風險更是不合理。對於那些太過自負，甚至連試也不試就以為事情會有轉圜的人來說，這些事情是不合理的。如同許多頂尖的企業家，倫佐不怕丟掉飯碗，因為他對自己的技術有信心，而且深信自己總是能找到另一份工作。

然而，如果倫佐沒有遇到一個絕佳的心靈導師，願意在眾多畢業生中選擇他（我猜他早已發現羅素根本沒有自己聲稱的那些經驗），並且了解倫佐已經感到自滿而不求進取，還願意聽從他那明智妻子的話，不只給羅素第二次機會，更提出超棒的誘因；如果沒有以上種種，倫佐也許不會達到今日的成就。一位知道如何參透他人內心的心靈導師，大概只有傻子做得到。

這時的倫佐仍在事業起步的開端，如同他所寫道：「接受這份工作當然是非常危險的行為，但又一次地，我幾乎沒什麼好損失的。」這是不斷前進創業成功的秘訣之一：企業家要彷彿無所可失般地行動，因為如果你讓恐懼取得主導權，那麼你就是在防守方而非進攻方；保守取代了創新的話，衰敗遲早會發生。

我的笨點子

IL FURBO ASCOLTA LA TESTA. LO STUPIDO DÀ RETTA AL CUORE.

/04

聰明人依腦子做事，而傻子聽從心裡的聲音

聰明人依腦子做事，而傻子聽從心裡的聲音

柴油與莫希干人

「不要走，倫佐。我們需要你。」我實在難以置信。幾個月前才因為我的懶惰而差點要我走人的亞德里阿諾，如今竟然懇求我留下來。我其實想要搞一間自己的公司，所以猶豫了一會兒，但他提出很棒的條件來說服我

—— 40%的Moltex股份。直到一九七八年十月六日，一間新的公司和一個新的品牌成立：Diesel。我喜歡Diesel這個名字，因為它很簡短、很有國際味，而且不論在全球何處，Diesel這個字的發音幾乎沒什麼兩樣。除此之外，在那個石油危機的年代裡，柴油（Diesel）這種比石油更經濟的物質才是真正的替代能源；雖然柴油車加速比汽油車慢，卻能讓你開得更遠。我愛死這個名字了，但很多人不怎麼喜歡，他們聲稱這是一個意味著「骯髒」的工業化字眼，跟牛仔褲一點關係也沒有。我也曾有一刻感到遲疑，想著也許他們是對的，但行銷這個品牌是我的職責。事情的進展很緩慢，我們的產品沒有獲得多少支持，於是我有了個點子：何不給這個名字創造一個簽名LOGO？

我邀請一位英國籍的藝術家大衛（David），當時他旅居義大利，因為窮途末路了，正打算在短期內搬回家鄉。亞德里阿諾跟我說：「也許你可以與他合作看看，他真的是個很有創意的人。」我在米蘭與大衛相見，看了看他的作品集，便決定把Diesel的LOGO設計任務交給他。我

們談妥了酬勞，他也會搬到 Diesel 總部的所在地「莫伏那」（Molvena）。我預付他一筆金額，好讓他可以買一張前往倫敦的來回機票：他總得回去打包一些東西來義大利。在他該回來的那天，我到威尼斯機場接機卻撲了個空。那個年代沒有手機這種東西，我猜想大概就這樣了吧，他不會再出現了。三天之後，清晨兩點鐘，我接到一通來自警方的電話，他們發現一名英國男子睡在馬洛斯提卡（Marostica）的一座電話亭旁邊，那可是距離威尼斯好幾英里的城鎮。男子不會講義大利語，但嘴裡不斷重複著三個字：「Renzo. Rosso. Diesel。」

　　一個聰明人會避免與這種人打交道，但我欣賞他的才華，而且我的直覺告訴我：「我們將一起完成某件偉大的事。」在他設計 Diesel 的 LOGO 期間，我邀請他住到我家來。那時候的許多牛仔褲品牌都試圖營造美式風格的印象，從美國的印第安人身上尋找品牌命名的靈感：Sioux, Apache, Cheyenne 等等。我要求大衛跟著這股風潮，但是要從一個更新穎、更現代的面向著手，最重要的是原創。我的指導原則一直都是：把現存的事物轉化成一個不一樣的東西、一個新的東西。大衛把自己鎖在房間裡整整兩週，我得把三餐端去給他，但他總是拒絕讓我瞄一眼草圖。於是我開始擔心了。最後，當他終於推開房門，秀出了一幅完美的印度墨畫。那是一個美國印第安人的頭，但不是隨便的一個印第安人——這是一個龐克印第安人，也就是一名莫希干人。大衛說：「這是你要的時尚都會型印第安人，他們就生活在倫敦的大橋下。」我深深著迷於那個 LOGO，把它印在所有款式的衣服標籤上，第一個就是 T 恤。過不了多久，這個 LOGO 變得人盡皆知，而且直至三十年後的今日，它依舊是 Diesel 的代表性圖象。

聰明人依腦子做事，而傻子聽從心裡的聲音

笨蛋策略

傻子追求的不是新穎，也不會為了求變而變。反之，傻子比較喜歡「把現存的事物轉化成一個不一樣的東西、一個新的東西」。倫佐接受了心靈導師的提議而待在公司裡，成為生意夥伴。也許自己成立一家公司會是比較明智的做法，那樣他就可以百分之百地掌握大局。然而，當你的心告訴你某人不只是朋友，也是一個好商人，何必放棄與他合作的機會呢？兩人一起努力，然後推出一個全新的品牌，這才是比較好的選擇。

你的腦袋也許會告訴你，應該以一個和牛仔褲或服飾直接相關的名詞來作為品牌名稱，但品牌就是一個企業家的簽名，所以如果你喜歡 Diesel ──就算它聽起來又骯髒又工業化──就必須聽從你的心和感覺去行事。不過，傻子會時時小心地評估這個品牌是否能進入人們的心中。大家喜歡它嗎？如果他們不喜歡，或者如果他們的喜愛程度不如你的預期，那麼你就必須做點因應措施，像是推出一個簽名LOGO。

傻子冒險，但不賭博。美國印第安人的概念已經被用過了，而且成功地將牛仔褲行銷全球。當人們已經將牛仔褲與美國印第安人的形象連在一起時，倫佐不需要投注在一個完全新穎的概念上；反之，他尋求的是可以將舊意象帶出新味道的人。最終，一個人為倫佐達成了這個目標，而且是一個任何理性的人都可能會忽略的人。這又是一個例子，如

果你欣賞某人，而且他讓你印象深刻，何不順著心底的聲音呢？試試看吧。反正你有什麼好失去的？

我的笨點子

LO STUPIDO POTREBBE FALLIRE. IL FURBO NON CI PROVA NEMMENO.

/05

傻子可能會失敗，但聰明人連試都不試

傻子可能會失敗，但聰明人連試都不試

單飛走向二手高價之路

新成立的Diesel很快地全速疾行，開始展現出成功的預兆。當時，我和亞德里阿諾合作的企業旗下有多個品牌，像是King Jeans、Replay、Viavai和Martin Guy，但我決定要放棄其他子公司，把全副心力灌注在Diesel上頭。於是在一九八五年，我問亞德里阿諾願不願意把他在Diesel的股份賣給我，他一刻也不遲疑地答應了，因為他不曾喜歡過這個品牌，而且那時的Diesel看起來也不特別有前景。至於我，Diesel就像是自己的小孩，而我已經準備好要悉心照料它了。

然而，首先我還是需要資金。包括銀行在內，投資者們之所以願意幫我而不嫌棄我有點寒酸的外表，是因為我在商場上守誠信且準時還款。我準備好面對任何狀況，即使失敗也在所不惜。我想，最慘的下場不過是逃到某個杳無人煙的島上罷了，所以冒險貸了一大筆錢。過不了多久，Diesel的銷售額就從350萬歐元躍升至800萬歐元。我是如何辦到的？

這是個好問題。直到一九八五年之前，我只負責管理品牌，但如今我全權擁有這個品牌，可以完全依照我的想法打造出合意的產品。當我以為自己就要在一年之內破產時，我決定放手一搏，把腦中所有瘋狂的點子都實現——包括我對老舊牛仔褲的熱愛。

我告訴自己：「為什麼不做一些看起來像二手貨的牛仔褲呢？」這是一個完全創新的作法：「蹂躪」牛仔褲，使其外觀像一條老礦工褲。

　　由於這樣的加工過程昂貴，我們試圖以販賣藝術品的方式來銷售這些牛仔褲，將價格定得遠高於其他競爭商品，批發商都以為我們瘋了。要想找到相信我們產品的店家幾乎是難上加難。我挑選了一些符合心中假想客戶的商業夥伴，但我也必須和那些不太相信我們的買家合作：他們將褲子上的撕裂和缺口視為缺陷。（那段時期《華爾街日報》偶爾會寫道：「這傢伙怎麼敢肖想在牛仔褲的發源國以兩倍的價格販售？」）然而，我願意嘗試任何事情。我想要接觸客戶，所以向批發商提出了令人難以拒絕的優渥條件：跟我批一些貨，如果你賣不出去，我會全數買回來。幸運地，這些牛仔褲在市場上反應極佳；從此之後，買家不再收起他們的荷包。

　　我下了個賭注：如果懂牛仔褲的行家願意高額入手二手牛仔褲，那麼他們也會願意支付不少錢來購買看起來很舊的新牛仔褲。我的直覺之準可以一路回溯到童年時的農場經驗，而這次證實也是對的。我不認為Diesel可以在一夜之間風靡全球，但它在不少國家一步步地培養出熱情粉絲；我原先準備逃到無人島上的想法也就被拋諸腦後了。

傻子可能會失敗，但聰明人連試都不試

笨蛋策略

在商業世界裡尋求成功就像騎腳踏車上坡。你一路注意著特定的路標，以便估量你的路程，但隨著愈騎愈高，你所面臨的風險也就愈大，因為你不知道前方有些什麼。到了某一刻，你只剩下兩個選項：停車，享受眼前的景色就好；或者，不顧阻礙重重，繼續踩著車直到山頂。

在一九六一年，一位動機心理學專家大衛・麥克利蘭（David McClelland）提出一項理論：商人之所以持續挑戰自我，其動機來自於他想要被認可的野心，不論是對其家族、對某個地方，或是對特定部門，他希望能做出決定性貢獻。倫佐有這樣的野心，而且事實上，他不只是跨越路途中的障礙；他藉由自己的直覺，運用激進的創新手段來克服困難。「踩躪牛仔褲，使其外觀像一條老礦工褲。」創新手段愈激進，有傻勁的商人愈需要準備好冒險，而且他在尋找目標的過程中是如此地歡愉。

倫佐的故事也告訴我們，在這個過程中，儘管他的外觀落魄（當然，準時還款是有幫助的），要想從銀行和供應商那兒取得支持算是相對簡單的了。曾經有一張照片，上頭是年輕時的微軟創辦人，留著一頭長髮且穿著過時，當你看著它，會在心中無法克制地自問：「如果是你，當初會選擇投資他們嗎？」供應商和銀行也和你一樣的心情，他們

必須準備好承擔風險。結果得到了什麼回報呢？那些投資微軟的人和那些相信倫佐的人，他們都因此而有機會成為兩則偉大的成功故事中的一份子。

我的笨點子

IN
STUPID
WE
TRUST.
/06

我們信仰笨蛋哲學

我們信仰
笨蛋哲學

在Diesel星球上的生活

　　至今我還住在威尼托（Veneto）的巴薩諾·德爾·格拉帕（Bassano del Grappa），這是一個座落在山中的可愛古城，Diesel就在此誕生與茁壯。

　　每個人都會問我一樣的問題：「為什麼你不把公司總部設在米蘭或其他大城市？那會讓你更容易挑到有經驗的員工。」嗯，答案很簡單：那不是我的作風。巴薩諾是我得到第一份工作的地方，我的職涯和我的人生都深植在此。

　　不過，還有另一個理由可以解釋：我相信這種作法可以激發創意。要想看到來自世界各地的人才匯聚在這個窮鄉僻壤，那幾乎是超現實的幻想；所以，這種作法才可以創造出真正的地方精神。每當我要雇用一個員工，總是先告訴他：「你會喜歡這個工作環境的。」事實上也的確如此：每個人都很喜歡這裡。

　　這些人是我在工作上的家人，是我的團隊。Diesel的所有產品都不是靠一個「創意型天才」發想出來的，而是出自「Diesel創意團隊」（Diesel Creative Team）的一群人，我們的關係緊密、眼光卓著。我們持續在世界各地旅行以尋找靈感，而我相信正是因為住在這裡，讓我們在旅途中看到的一切都顯得那麼新奇，吸引著我們去看、去聽、去了解、去體驗、去闡釋，我們的雙眼始終是睜開的。生活在此使我成為一個更

好的旅行者，同樣的道理也適用在我的團隊上。

你想要知道我的夥伴們都來自哪裡嗎？

如今的我，選擇員工的方式和過去慣例不太一樣了。以前，我會去參加巴黎的貿易展，在其中探尋可以刺激我的創意品牌，然後再與創造這些作品的人聯繫。

我從來不試圖爭奪明星設計師：第二名或第三名才是我在找的人。我想要渴望登頂、不怕失敗的年輕人，而且我總是把他們推向更勇敢的境界。自從二〇〇〇年，我們透過一個十分獨特的制度，召募到許多新興設計師：我們是國際人才支持（International Talent Support, ITS）選拔賽的創始夥伴。

每年，ITS時尚選拔賽會收到來自全球數千件的作品，它們全都出自新秀設計師和即將離開校園的畢業生之手。歷經嚴密的初選程序後，前二十五名入選者會受邀來到特里雅斯特（Trieste），在此將他們的一系列作品呈現給國際評審團。贏得Diesel時裝設計獎的人只有一位，他將得到一筆獎金，但更重要地，他將有機會與我們共度六個月，學習有關時尚產業的一切事務，其中有些人最後甚至就留在我們的團隊裡了。

我喜歡年輕設計師，因為他們很純粹：他們的創意是新鮮的。因為還沒有被洗腦過，他們不會受限於什麼該做、什麼不該做，也就不怕冒險。他們還沒有變成這個產業流程中的奴隸。

藉由支持這類計畫，我們打造出了Diesel之友的網絡，觸角遍布全球。這些人或多或少都對Diesel心存感激，因為我們催生了他們今日的成就與地位。

笨蛋策略

我們信仰笨蛋哲學

　　創造一條新的企業方程式，其過程中的每一步都需要一定數量的人才，具備不同形式的專業和不同程度的經驗（也許講究技術的工藝產業是個例外）。因此，一名頂尖的企業家必須知道如何匯聚一隊人馬，不論是從公司內部或外部，讓他們充滿動力地投入企業家的夢想中，願意貢獻自己的長才以便美夢成真。許多案例都證明了，我們可以從一名企業家身邊的人才水準來評斷他的優劣。不可否認地，當我們論及該如何辨認與激發出好員工，即使是最頂尖的義大利企業也還有很長一段路要走。在這個領域，Diesel 是傑出代表。倫佐在文中提供了一些珍貴的建議：

- 尋找第二名的人，因為他們還在饑渴地朝目標邁進。
- 尋求世界上任何地方的人才，不要帶有地理偏見。
- 利用非傳統的手法來辨別人才，像是 Diesel 時裝設計獎。
- 不要只依賴一位聰明人的心智（不論是設計、生產或商業上），如此將能避免公司受限於他的水平。
- 把工作環境營造出家庭或社區的氛圍，因為那正是人們可以有最佳表現的地方。
- 敦促每個人去旅行，以謙卑的態度遊歷世界——外頭永遠有更多值得學習的事物。

我的笨點子

SOLO LO STUPIDO SA ESSERE DAVVERO BRILLANTE.
/07

唯有傻子才是真正的智者

唯有傻子
才是真正
的智者

顛覆傳統的溝通藝術

我們的品牌以溝通著稱。在Diesel的發展歷程中，到了某一刻，我已經擁有高品質的產品和一群信任我的商業夥伴──不論我給他們什麼，他們都願意賣掉。這時，我知道自己可以更上一層樓。Diesel代表一種生活風格，我認為應該盡可能地讓更多人聽到Diesel的故事。該是開啟溝通的時候了。

在我的人生與Diesel的生涯中，不論要開始什麼創舉，我通常都是從零開始，對這個世界不帶任何實質的認知，但是懷抱一個清楚的願景，與一群充滿熱情、願意創新的人合作。而這次也是一樣的作法：我們在廣告界找到的第一個外部夥伴，是一家名不見經傳的瑞典小公司。為什麼選他們？完全是機遇。有一次，一名瑞典的批發商約翰‧林德柏格（Johan Lindeberg）把我們介紹給Paradiset公司的人，而他們立刻就引起我們的注意。他們展示了一系列年輕時尚品牌推出的廣告活動，並巧妙地遮住品牌logo。我們這才發現那些廣告都是一樣的，少了logo，你根本無從辨認其中的差異：它們都是黑白色調、陰鬱、做作，並且令人感到沮喪。不一會兒我們就得到共識：我們的廣告必須完全不一樣！色彩要豐富、明亮，給人超現實的意象。我們希望所有看到廣告的人都了解到，我們尊重人們的智慧：每個人都知道我們想要賣東西，但何不在推銷的同時也提供一點娛樂，以及蘊釀思考、社會評論和反叛的養分

（這部分只有正在尋找的人會感受到）呢？

今日，當任何產品的廣告都在運用諷刺的手法，從汽車到藥品都是，以上概念聽起來也許不新了，但你恐怕無法想像它對於時尚產業（「他們是否正在拿自己開玩笑，而不是在推崇和強調他們的產品？」）和行銷產業（「時尚廣告有辦法提供概念和故事嗎？」）的影響。我們甚至完全改變了廣告本身的概念，我們的廣告看起來像是在宣傳「除了我們自己產品之外」的任何東西（輪胎、髮膠、去汙劑）。我們把這一系列宣傳命名為「為了更好的生活」，很顯然是在拙劣地模仿那些試圖要推銷任何東西給你，以便讓你擁有成功希望和永恆幸福的廣告。

儘管以上種種創新很驚人，我們還是必須面對沒有錢的事實。又一次，限制變成了動機，刺激我們盡力而為。如果只是設計一個普通的廣告，然後不斷重複播放上百萬次，直到消費者都麻木了，這種作法會比較簡單；然而，相較於打造一個強而有力的創意廣告，讓任何人都無法忽略它的存在，前者可是笨多了。

接著就要開始挑選媒體夥伴，試著找到與我們最合拍的人。我們是第一批向男同志雜誌（Out）和新興數位世界裡的雜誌（Wired）買廣告版面的時尚品牌之一。我們憑著自己的品味（「換作是我的話，會買這本雜誌嗎？」）挑選雜誌，而不是聽從擾人的研究與目標分析、人口統計、印製量等等；這也是我們之所以選擇MTV台的原因。在一九九〇年代早期，我們的規模很小，懷抱追求成長的野心，而且我們熱愛音樂。MTV台是由一群粉絲想出來的點子，他們想要開創一個全球首見的音樂頻道，而這件事給我帶來了啟示。許多年來，MTV台始終是我們獨一無二的電視廣告夥伴，因為雙方的目標觀眾是同一群人——另一

個原因在於，一旦我們支付他們費用，就沒有多餘的錢去別處花用了。

廣告不是我們唯一用來向世界解釋自己是誰的武器：我們辦的派對肯定要特別提一下才行。你打哪兒去找其他像你一樣為 Diesel 痴狂的粉絲？你在何處可以看到我們談論的生活風格？就在世界各地由 Diesel 策畫的活動！我們開始舉辦無數令人難忘的派對，其中有許多都與我們的廣告主題緊密扣連在一起。

猶記得在二〇〇一年，我們於全球數個地方舉辦了「拯救你自己」的派對。在活動中，一些如「喝尿」「吸氧」和「相信轉世投胎」等等的訊息都被我們拿來嘲諷人們追尋青春永駐的渴望。這種辦派對的作法逐漸轉型為規模驚人的「工作坊」。當客人跳著舞，沉浸在愉悅中的同時，他們也會看到這些荒誕的慣例再現，像是傾注生啤酒的活嘴看起來像尿壺；酒吧吧台上方掛置著氧氣罩。我們有一回在巴黎羅浮宮（只要想像一下，當博物館的保全人員看到我們如何「褻瀆」這個地方，將會多麼震驚）辦的一場活動特別地經典，可惜後來遇上了災難性的九月十一日，而不得不取消在紐約的場次。

然後還要提到我們的贊助模式。我們不是隨意地砸錢，把 logo 放在滑雪代言人、電視節目或其他任何地方就好了。我們決定在每一個贊助的計畫中，都必須要說明一下我們是誰，以及我們的哲學。

有一天，我的團隊夥伴問我：「你希望五十年後的人們會怎麼記得你？」

我回應道：「我希望人們記得我是一個願意把機會交給有為青年的人，就像多年前的我也得到了機會。他們只要能獲得一點協助，就可以成就最棒的自己。」

我們將提供贊助視為一個保護藝術的機會。我們發現正在萌芽的音樂家，就讓他們在一些很不可思議的地方做現場演奏，並且幫他們錄製音樂；我們資助新興設計師，讓他們的創作商品得以登上國際媒體，並且在我們的店頭販售。對於世界各地逐漸嶄露頭角的藝術家們，我們把幾個全球最大的城市交給他們盡情揮灑。

在我們的十三週年慶時，一場所有派對中的派對之最，也是所有Diesel活動之母誕生了，它向世界展示我們的能力與準則。當時，我們不想要再做重複的事，只是在某個世界級的時尚之都舉辦一場盛大的派對，邀集許多知名藝術家和大人物；又一次，我們想追求一個愚笨的夢想。

Diesel是一個屬於全世界的品牌，如果只在一個地方慶生是不公平的，所以我們決定在十七個不同地點舉辦派對。（此舉也證明了我們並不迷信，因為數字17在義大利是不吉祥的。）全球各地十七個城市，從東京到紐約，在不同時區的同一天，所有人都在那個中立且魔幻般的地方集結起來，也就是我們所說的「網路」。

這些大型活動是為我們的粉絲所辦的，並不只是為了特定的少數貴賓。表演者都是一時之選，像是M.I.A、肯伊·威斯特（Kanye West）、菲瑞·威廉斯（Pharrel Williams）、夏卡康（Chaka Khan）、地球風與火樂團（Earth, Wind & Fire）；此外也有不少Diesel多年來發掘的年輕樂手，他們是透過Diesel: U: Music的計畫，在現場八千名觀眾和虛擬的上百萬名觀眾面前表現出眾而受到矚目。

我們應該對世界各地的Diesel粉絲更加慷慨大方，我的孩子們針對這一點也貢獻了絕佳的點子：在這個星球上所有的Diesel門市，我們挑

選一天為一件商品（我們的核心產品——牛仔褲）提供驚人的大幅度折扣。還有什麼事能比這麼做更笨的呢？

這個行為背後其實有很多問題。這個產品傳達了什麼訊息？我們要如何處理物流？它會大賣嗎？儘管有這些疑慮，我們心中的笨蛋聲音還是蓋過一切。當這個消息開始從一個國家傳到另一個國家，橫跨了不同的時區，我還記得自己當時的感受（眼淚）:「從清晨三點就有一條人龍出現在店門口了。」「情況真是瘋狂。我們不得不叫警察來，也許還必須暫時關店。」「我們害周遭的交通都打結了。」「完銷。我們賣光了所有東西，有一些孩子在店門口哭了，因為他們連一條牛仔褲也沒搶到。」

這些都是難以忘懷的記憶，而我們傳達給世界的訊息很清楚：我們是擁有很多朋友的笨蛋。

笨蛋策略

唯有傻子
才是真正
的智者

溝通應該要有創意，但經驗告訴我們，事情通常都不是這麼一回事。許多公司的廣告、贊助和促銷活動經常都是毫無任何創意的老掉牙，每一個都很相像。

在時尚產業也是，你必須冒險才能獲得回報。

一個年輕（不只是時序上的）公司經常偏好冒險。這一點之外，還有對於想要溝通的事物有清楚的願景；對於提出真正令人難忘的材料做出承諾；願意為全球各地的年輕人——不論是藝術家、音樂家或是你自己的小孩——提供發展空間；具備促使人們反思的能力，以及（也許）有限的可操作手法。以上種種要素讓Diesel得以創造一個由支持者與顧客形成的社群，更不用說成為一種風格的標幟。

很顯然地，不是任何一個計畫都可以演變成恢宏的成功，也只有一部分計畫能夠引起一場騷動；但重要的是，Diesel以自身的資源和聲譽作賭注，總是走在潮流的前頭，試圖建立一種原創的溝通風格。

一個問題推動著倫佐前進，而且這是一個所有企業家都應該問問自己的問題：「你希望五十年後的人們會怎麼記得你？」

我的笨點子

AMICI / 01

跨越邊界的人

從小，我就知道兩個重疊的R是一個財富和地位的象徵。它們代表了一種魅力，以及一個也許無法達到的境界。這兩個重疊的R就是「Rolls-Royce」（勞斯萊斯）。

至於「Renzo Rosso」的兩個R則完全代表了相反的意思，倫佐和傳統、尋常的事物一點兒也沾不上邊。

倫佐意味著稀少性，他這種人是才華和決心的組合，可能看起來有點亂七八糟，甚至還有點瘋狂。不過，這麼想的話就被誤導了。如果他有時候顯得有點瘋狂，那只是因為他總是走在時代的前端。

倫佐知道如何看見未來，知道什麼事物將要來臨，然後悉心培育以符合他的需求——就像一名老練的牛仔。

如今我再回想起來，倫佐甚至像是一個活在大平原上但突然穿越邊界的人。第一眼見到他時，你覺得他看起來一團糟，但那只是因為我們對於成功企業家已經有既定的刻板印象。

我的朋友倫佐知道如何大笑，也知道如何逗別人大笑。

我們經常自我嘲弄。總是在這樣的直率中，偉大的人格才有可能流露出來。

印象中有一回，倫佐和我正要登上一架私人飛機——特權和排他性的象徵——去羅馬尼亞。他打破了所有慣例，讓每個人的屁股離開那舒適的皮革座椅，蹲坐在地板上。然後他打開自己的背包——年輕背包客會背的那種——取出很大一塊帕達諾（Grana Padano）起司、一條義式臘腸——他聲稱是自己烘的——以及一些烤麵包，還有一瓶很可愛的紅酒。羅素（Rosso）嘛，配紅色（red），很自然地（譯注：義大利文的Rosso即為紅色的意思）。

一瞬間，整個場面的氛圍大變。我們在接下來的航程中輪流大笑，聆聽他對於未來的預測。當時他描述那些「瘋狂」遠見的一字一句，我還猶然在耳。

倫佐對於許多事物都充滿熱情，其中包括紅酒。身為一位藝術鑑賞家暨收藏家，當他在世界各地尋找年輕的人才，並試圖將他的靈感轉譯成實質的形式時，他對於下一件大事的預測能力幫上了很大的忙。

倫佐喜歡感到「愚笨」，意思是跳脫思考框架，同時保持自由和獨立。

所以呢，我也想要和我的雙R朋友一樣地愚笨。他與勞斯萊斯的相似之處只有一點：充滿原創性。在我們的國家——當然囉，也在我們親愛的威尼托地區——倫佐已經聚集了許多才華洋溢的青年，在他們受到挑戰的同時也能放膽揮灑夢想。倫佐為他們提供了一間全球知名、廣受愛戴的企業。

倫佐，與你為友這件事讓我也成了笨蛋。

感激你的

羅伯托・巴吉歐（Roberto Baggio）

IL FURBO PIANIFICA. LO STUPIDO IMPROVVISA.

/08

聰明人只有計畫，而傻子有說不完的故事

聰明人只有計畫，而傻子有說不完的故事

在地球各角落打造獨一無二的店

有一天，我宣布將要關掉兩千家門市，以便縮減我們的配銷網絡。不消說，每個人都覺得我瘋了，執行長更想要殺了我。

這件事的來龍去脈是這樣的：到了一九九〇年代中期，Diesel已經在全世界流通，不論大小店家，也無關乎高級精品店或主流服裝店，到處都找得到我們的商品。為了要在擁擠的牛仔褲市場上鶴立雞群，我想要將Diesel改造成一個獨特的品牌。第一步就是將我們的配銷管道大幅縮減，然後開始成立屬於自己的單一品牌商店。我想要發展獨特性的概念，同時緊密掌握品牌形象。這個點子基本上是將所有既美麗又獨到的產品陳列在櫥窗中，但不僅如此，重點更是要形塑整個Diesel的生活風格。為了達成這個目標，店面看來是十分關鍵的要素。產品銷售的場域環境很重要，因為氛圍可以向大眾清楚地傳達有關品牌的訊息。

我們的第一批店面坐落在紐約、倫敦和羅馬。它們都十分美麗，但每一間也都很不一樣，各有其獨到的特色與性格。即便如此，我們很快就確認了建立一個可供複製的展店模式的必要性。我們委託一家英國公司來構思雛型，然後就根據這個雛型在全世界展店。這些店面都營運得很不錯，但我不甚開心。至少就我個人而言，這些Diesel店家完全激不

起我的興趣。有一天，在一場由Diesel所有業務與行銷經理出席的國際會議上，我打扮成一個古羅馬的競技士，並且提出一個重要的聲明：「雖然一切進展得很順利，我還是想要改變。我希望每一家店面的內部裝潢都迥然各異。此外，每一家店都應該依照它所處的城市、街道與顧客群而販售不同的產品。」我的經理們聽罷都十分埋怨我，但平均而言，Diesel的顧客是高端分子，並且熱愛旅行。我希望給他們一個不論何時何地都要拜訪Diesel店面的理由，我料想Diesel的粉絲會為了看到所有店家的特色而進行一場朝聖之旅。

為了讓每一家店面各具特色，我開始從世界各地的二手商店買進大批的家具、告示牌和裝飾配件；接著，我讓Diesel的室內裝潢部門與每一家店所在地的當地建築師合作。我在挑選店址時，從不依賴房地產仲介商；反之，我在各地的夜總會流連，試圖打探最時髦的社區在哪兒。發掘出即將興盛的購物商圈，此舉意味著一個附加優勢：低店租。這種作法讓我們成為人們眼中的開路先鋒。

此後，每當客人走進世上任何一間Diesel商店，對他們來說都是一次全新的體驗。

笨蛋策略

聰明人只有計畫，而傻子有說不完的故事

也許這一章的標題不完全代表笨蛋遇到問題時會採取的途逕。耍笨人當然也會計畫，但方法大不相同。

大多數（雖然不是全部）的企業在運用了所有分析工具之後，會挑選一個「最佳」策略。

諸如Diesel這樣的公司，是依憑直覺來做決策的。直覺不是單純的異想天開，而是你打從心裡感到這麼做對公司是有益的。倫佐「感到」打造Diesel成為一個獨特品牌的重要性；他也「感到」世界各地的每一間Diesel商店都應該提供特殊的體驗，以吸引在全球趴趴走的多樣化顧客。倫佐「感到」把店面開在具有發展潛力的社區比較好（店租也會比較便宜）。此外，為了讓全公司的人都能體會他的這些感受，他顯然必須擬定一些計畫才行。他無法在一夕之間關掉兩千家店面，或是同時把他的零售店都改成直營店（一方面是基於經濟考量，另一方面也是因為實際上不可行）。倫佐必須計畫好整個改變的程序，例如天殺的該從何著手。

簡言之，笨蛋不會刻意去計畫觸發改變的火花，但只要星星之火燃起，他立刻就會計畫使改變成功的手段。

還有一件事：倫佐的選擇預示了一些稍候席捲整個時尚產業的趨勢。耍笨人是有遠見的！

我的笨點子

IL FURBO HA IL CERVELLO. LO STUPIDO HA LE PALLE.

/09

聰明人也許有腦袋，但傻子有膽識

聰明人也許有腦袋，但傻子有膽識

用100萬美元買下一個紐約地址

讓我告訴你一個關於Diesel第一家店的故事吧。自成立以來，到了一九九六年，Diesel已經成為一個國際品牌。追求時尚的年輕人都會買我們的產品，歐洲與亞洲區的銷售額急速上升。一切情況在美國也進行得很順利，但是我們所面臨的挑戰卻更艱難。

美國這個國家形塑了我們對於商業的感知，所以我決定第一家店應該要設在紐約。

那裡的確是個非常競爭的市場，但當時的我並不在意：美國激發了我在年輕時的夢想。美國是傳奇性的地方：牛仔褲的故鄉、詹姆斯・狄恩（James Dean）、搖滾樂。Diesel不能在那缺席。

長久以來，我很尊敬Levi's的品牌地位和它們的優質產品。我想，要是把店開在Levi's旗艦店附近，想必是一個真正的挑戰。當時，Levis的旗艦店才剛在紐約開幕，地點就在雷辛頓大道（Lexington Avenue），Bloomingdale's百貨公司的對街。於是，我打算把自己的店也開在那兒，就在這兩家店之前。我深信Diesel產品所具備的高品質和獨特性，所以一點兒也不害怕與他們比較。事實上，我熱愛接受挑戰。也許你現在心裡正想著：真是個愚蠢的選擇啊。但別著急，先把接下來的故事聽完。

我聽說那棟我很喜愛的建築即將被一個美國的大品牌接手，所以我鼓起了全副勇氣，直搗屋主的辦公室，經過一連串鍥而不捨的協商之後，我開了一張100萬美元的支票放在桌上。這大概就是「保證金」（Key money）的概念在美國的起源。想當然爾，屋主立刻就點頭同意了，於是我們得到了在紐約的第一間店。

　　這個舉動是完全瘋狂的行徑。這家店有一萬五千平方英尺（一千四百平方公尺）大，而我卻沒有夠多的產品可以擺置其中，所以我設計了一些娛樂空間（包括一個酒吧和一個DJ舞台）。每個星期五的傍晚六點到關門時間，店裡都會舉辦派對。你可以想像得到我們的顧客有多麼樂於其中，不過這個活動倒是讓我們見到了許多在附近店家工作的人。

　　我們的徵人方式也很不可思議。一份報紙廣告就吸引了五百名充滿抱負的銷售員來到百老匯的劇院。每一名應徵者有兩分鐘自由表演的機會：不論是舞蹈、歌唱，或是即興發揮都可以。他們可以用最自在的方式表達自己。所以，整個徵人過程就像是一場表演——一場真正的實境演出。我們最終錄取了二十二個人。至今我仍然記得這二十二個人的臉龐，其中有一名亞洲女子，當我們叫到她的名字時，她還當場就喜極而泣了。因此，我們集結了一群十分酷炫的銷售員，而且他們對於如何賣東西可是一點概念也沒有。

　　不消說，我們後來造就了一場石破天驚的成功。

笨蛋策略

聰明人也許有腦袋，但傻子有膽識

換句話說，要笨人有勇氣。當一家公司已經很強大了，擁有厲害的團隊和足夠的資金來源可進行新的嘗試，而且也已經把它的主要競爭對手圍困住，接下來的問題就是決定要不要攻擊眼前迎面而來的其他競爭者了。

這是一個廣泛認可的管理策略，究竟何時該執行攻擊，並沒有正確或錯誤的答案。當然，你需要勇氣去嘗試，而且你絕對不能只是模仿你的競爭者。倫佐靠著一系列的革新元素——娛樂空間、派對、酷炫員工等等——創造出差異性，並最終走向成功。

這是 Diesel 發展史中最令我驚豔的時刻之一。我相信義大利迫切地渴望有勇氣的企業家。一大堆義大利公司都準備好攻擊領先它們的國際競爭對手，卻也都在最後一刻成了縮頭烏龜。

我了解猶豫背後存在的理性恐懼。畢竟，追逐這樣的競爭者會使人緊張，而且一點也不奇怪。這麼做意味著許多穩固的事物將受到動搖，但我深信這些公司已經擁有成功所需的一切：產品、員工、資金來源。他們必須要起身做點什麼——如果他們不先行動，遲早會被競爭對手反將一軍。也許他們欠缺的不過就是一點「愚蠢」的勇氣！

我的笨點子

SII STUPIDO: NON C'È UN MODO SBAGLIATO PER ESSERLO.

/10

我的父母。我虧欠他們許多。

我的第一次聖餐儀式。
這時,牛仔褲還沒出現在我的
生命中。

兒時的家,以及我的第一輛車。

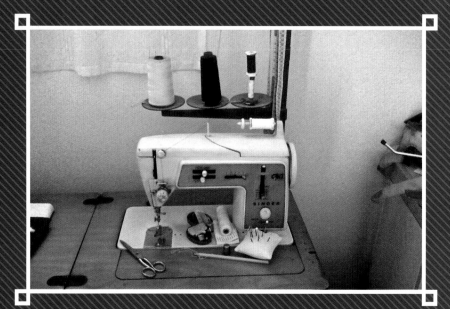

我的整個生涯開始於這一台縫紉機。

Diesel的第一個總部。

Diesel的第二個總部。

我們現在的總部。

邁阿密的 Pelican 旅館

紐約的第一間 Diesel 旗艦店

「每日非洲人」，我們最引人爭議的廣告活動之一。

一九九八年，於坎城接受年度廣告大獎：五個倫佐在台上。

為 Diesel 慶生所舉辦的大型派對。

唯有勇氣基金會：在馬利，村子裡的孩子。

梅森・馬汀・馬吉拉（Maison Martin Margiela）

Diesel的農場

我的「子孫」狄恩（Dean）和丹（Dan）（DSquared²）

我親愛的孩子們：Andrea, Stefano, Alessia, Luna, Asia 和 India

在 Diesel 辦公室。

耍笨，怎麼耍怎麼笨都沒錯！

耍笨，怎麼耍怎麼耍笨都沒錯！

一場空前的廣告革命

對於重複和單調的事物，我向來就沒有耐心。我總是在追求特殊和差異的點子，即使是做廣告活動時也是。我不在乎這一季的產品是否大賣——下一季的需求可能會全然不同。這是我們一直以來衡量廣告活動的標準。人們總是問我，哪一次活動是我的最愛；事實上，我全部都喜歡。不過，在此我要談到令我感到最有趣的幾次活動，因為它們最能反映出我的幽默感。

「超級丹寧」（Super Denim）是推銷一個假產品的廣告。在廣告中，有一名肥胖的印度男子，看起來一副巧言令色的樣貌；他沿街叫賣著以合成纖維製成的牛仔褲，並聲稱這種布料讓褲子「超級耐磨」。這則廣告就像一部好萊塢電影和傑瑞·路易斯（Jerry Lewis）的喜劇片的合成版，非常荒誕。當我第一次看到時，不禁脫口說出：「但沒有人會買我們的褲子啊！」然而，隨著我多看幾次，也漸漸地喜歡上這則廣告。我想，我們試圖要作為賣點的那種荒誕，應該會讓這則廣告變得吸引人。另一則廣告則是模仿美國的電視劇形式，內容是關於「尋找耶穌」。這一系列的短片呈現出一群聲稱可以治癒疾病、走在水面上的人們。不幸的是，片中那位奇蹟般地治好殘疾的老人，從輪椅上爬起來走了兩步之後，又摔到地上。至於那位試著走在水面上的男孩，則像一塊石頭一般地沉到水裡。在片尾時，觀眾會看到所謂的耶穌原來只是一名

亞裔的泊車小弟——想當然爾，他穿著Diesel的褲子。

　　還有一則我也很喜歡的廣告，模仿的是西部片風格。片中的壞蛋是一個又胖又醜的帶槍男子，故事開始於他某天起床，身旁躺著一位放蕩女子，她長得出奇地醜怪。男子把被單向她頭上一丟，穿上他的衣服，就跑下了樓。在他走出大廳時，無意間踹到一隻狗。接著，街上響了一起槍聲，一位從頭到腳穿著Diesel衣服的帥哥英雄被殺了！而壞蛋則一邊挖著鼻孔，一邊漫步著離開。我們也捏造過一個假的波蘭鄉村歌手，喬安娜（Joanna）。她有公眾形象，還會在八卦雜誌裡被討論。由於她變得日漸出名，我們不得不雇用一些人假扮她，出席我們在不同國家舉辦的活動。我不認為這些冒牌喬安娜懂得如何唱歌。不過，記者老是抓著我們追問喬安娜究竟是誰，或者她是否真的存在。我們甚至會回覆所有喬安娜的粉絲寄給她的信，並且在信末簽上她的名字。我們創造出了第一位「速食名人」。一位《女裝日報》（*Women's Wear Daily*）的記者曾經寫到，喬安娜已經好幾個月不跟我們聯繫；直到後來，另一位《紐約郵報》（*New York Post*）的記者揭露了事情的真相，還嘲笑這位記者受騙了。

　　在我們所有的廣告背後，都傳達了「有趣」的訊息——我們覺得有趣而創造出它們，也希望其他人能感受到箇中趣味。當然啦，吸引人們的注意力，並且和我們的粉絲一起大笑，也是很重要的一件事。有時候我們會觸及一些敏感的社會議題，但臉上總是會掛著一個大大的笑容。

笨蛋策略

耍笨，怎麼耍怎麼笨都沒錯！

對一位管理專家來說，這一章的評論並不好寫。首先，我想要說這個章名不太正確，因為耍笨的人也會出錯。至少，他們可能會選擇錯誤的途逕來做某些事，或者是挑選錯誤的時機來做。但也許我們應該從倫佐的字裡行間尋求更深一層的意涵。如果笨蛋可以使人感到吃驚，或是天真地看待事實，那麼我們可以說，這樣的「純粹」也許會以許多形式被呈現出來。更重要的是，如果我們自問，讓人驚奇的方法有沒有所謂的對錯，這並沒有多大的意義。每個人都會被最符合他個人敏感度的事物吸引住，也會以這樣的事物來令人吃驚。

不如想想藝術吧。許多有能力讓自己和他人感到驚奇的人，都在藝術圈子裡工作。當我們看著一件藝術品，首先想到的並不是對或錯，而是我們喜不喜歡它，我們有沒有什麼感受，或者它能不能幫助我們把現實看得更清楚。就這層意義上來說，耍笨的方式無所謂對錯。企業家和藝術家的合作經常能夠創造出豐碩的成果，或者他們的對話可以具備很大的效益，這個現象在我看來一點兒也不是巧合。和一名真正的藝術家一樣，生意人是被熱情所驅使的。他面對的是一個十分具挑戰性的任務——為了吸引顧客和志同道合的工作者，他要試著散播美的事物。

從本章節還有另一件事可學：比起其他任何一樁生意，時尚業會讓你對於廣告更痴迷，不過當然啦，每一個產業都有創意發揮的空間。重

要的是渴望，以及在每一場絕佳的活動或每一次成功的時刻之後，仍不停止創新的腳步。

注：
「超級丹寧」的廣告 http://youtu.be/wu_RyPm__I4
「尋找耶穌」的廣告 http://youtu.be/g0A5coLt3R0
西部片的廣告 http://youtu.be/SFRdv3SMBY4

我的笨點子

IL FURBO HA AVUTO UNA SOLA BUONA IDEA, ED ERA STUPIDA.

/11

聰明人有過的一個好點子：就是「耍笨」

聰明人有過的一個好點子：就是「耍笨」

分享光環的氣度

廣告需要團隊合作。就如我先前寫到的，Diesel不是只有一名創意大師；事實上，我們擁有的是一個團隊。我是團隊裡的一份子，而我們的廣告公司在與我們合作時，也就成了團隊的一部分。

這麼多年來，我們的廣告活動已經在許多國家贏得不少大獎，包括坎城國際廣告節的金獅獎和銀獅獎。在一九九八年，我們獲提名為年度最佳廣告主，這是廣告界最令人夢寐以求的獎項。我總是盡可能地將榮耀歸功於所有與我們共事的夥伴，所以，當我得知我們贏得了這項大獎，而且是由我上台受獎時，我立刻開始動起了歪腦筋。

這個獎只頒給我，對我來說有點不好過，因為我很清楚知道許多人都對我們的成功有所貢獻。因此，我想了個特別的點子。

我從倫敦請來一位電影造型師，以我的容貌製作五個橡膠面具，然後讓創意團隊裡最重要的四個夥伴戴上這個面具，與我一起去坎城受獎。當天，我們穿著一模一樣的服裝，當主持人叫到我的名字，我們五個人就從四面八方一個接一個走上台，引發了全場騷動。這個舉動著實令廣告節的主席、工作人員和觀眾們感到驚奇不已！接著我脫下面具，向大家介紹我們團隊裡的每個人。為了向眾人宣告這個獎不只是屬於我個人的，並且為了肯定夥伴們的價值，這就是我選擇的方式。

聰明人有過的一個好點子：就是「耍笨」

笨蛋策略

這是本書中最能說明倫佐·羅素的管理才能的最佳範例之一——就算他可能不喜歡這種說詞。試想一下，那四位與羅素一同登上坎城受獎台的團隊成員當時怎麼想。在如此令人難忘的經驗之後，他們肯定會全心全意地為這麼一位充滿智慧、敏感度高，又有勇氣大聲地將功勞歸於團隊夥伴的領導者付出。同樣地，不妨也想想這個事件對於公司內部其他主管的影響。企業大老闆公開地將他的成功分享給團隊成員，其他主管現在還敢把別人的工作成果攬在自己身上嗎？那一夜，倫佐·羅素在他的公司裡創造了一股令人印象深刻的特殊氛圍。

我曾經見過許多企業主因各式各樣的理由而獲獎，有些人——雖然不算多——甚至懶得在領獎時感謝其他具有貢獻的人，頂多只是提及家人；還有一些人——依舊不算多——僅以一種冷漠無感的口吻稍微帶到對同事的感激之情，彷彿只是盡一份義務罷了。除此之外，當然有許多人毫不吝惜地表達對於共事者的謝意，但其中少有人會費心思自問：「我該如何讓公司內外的所有人都明白，我們的確是一個團隊呢？」倫佐對自己做出了這個提問，而他最後找到了一個獨創的解答；或者，他應該會這麼形容，一個非常愚笨的點子。

我的笨點子

IL FURBO DICE DI NO. LO STUPIDO DICE DI SÌ.

/12

聰明人拒絕，而傻子勇於接受

聰明人拒絕，
而傻子勇於
接受

「每日非洲人」活動

請容我敘述另一件與廣告有關的事。我想要告訴你一個故事，從中可了解到堅信自己點子的重要性。

二○○一年，我們想出了一個名為「每日非洲人」的廣告活動，而它是源於一個簡單但煽動性十足的點子。在一系列照片中，我們可以看到非洲人身處在極度奢華的環境裡：渡假村的階梯、書架上擺滿了書的圖書館、豪華轎車的後座。這些照片就像那些美國有錢人的形象，但呈現在我們眼前的卻是許多全身上下都穿著Diesel的非洲人。

這些照片還搭配著一份假想的報紙《每日非洲人》（*The Daily African*）上的剪報，文章內容和非洲國家一般常見的新聞不盡相同。頭條上寫著諸如：「非洲同意對美國進行金融援助」「非洲探險隊步行考察未知的歐洲」「義大利和西班牙的出生率大增，歐洲推出進一步延緩措施」「加州叛變一百四十八天後，非洲人質終於獲釋」「非洲聯盟的太空專案飽受抨擊，因其計畫利用歐洲人來進行銀河旅行」等等。

人們對於非洲的刻板印象，全部都以Diesel的風格大大扭轉了。然而，我們對於這次廣告還是懷有疑慮！非裔美國人的社群會不會覺得這個廣告太不尊重他們了？非洲人又會有什麼反應呢？也許每個人都會起而抗爭！我們不禁再三自問，擔憂這次是否做得太過火了。

儘管我們猶豫不決，依舊無法抗拒這些照片的吸引力，它們實在太

特別了。要知道這些照片是否可行，只有一個辦法，也就是拿給三家極具影響力的雜誌主編看看，分別是《訪談》（Interview）的英格麗・西斯奇（Ingrid Sischy）、《紙》（Paper）的金・海絲崔特（Kim Hastreiter）以及《共鳴》（vibe）的艾米爾・威爾貝金（Emil Wilbekin）。

她們的回應十分令人吃驚。對於這個廣告的評價，她們都認為是完全的創新、直接、勇氣、尊重、高明——最重要的是，趣味。所以我們就把廣告散布出去了。

一如往常，我們引發了一場騷動。報紙上出現各方爭論。令人驚奇地，大部分的人都認為我們的廣告很幽默地挑戰了媒體與公共意見中對於非洲的普遍偏見。

這次活動很快地成為我們最受讚揚的廣告系列之一，甚至贏得了坎城國際廣告節的大獎。這不是我們第一次獲獎，但是「每日非洲人」能夠擊敗數以千計的競爭者，被選為全球最棒的廣告，令我十分激動！

同年，我們改寫了自己的歷史。我真是無法克制地熱愛耍笨啊！

聰明人拒絕，
而傻子勇於
接受

笨蛋策略

作為一名商人，當我們遇到一位想要研究出前所未見的新生產程序的工程師，或是一位腦中蹦出一種完全原創的新產品點子的設計師，又或者是一位提出極為吸睛的宣傳活動的廣告商，我們可能會為了減少風險，而要求這個新程序、新產品或是新活動保守一點。

在一般的情況下，這種作法是不太合理的。一個生意人應該要意識到，這種事情在呈交給他之前，已經經過仔細的考量，所以不應該試圖全面翻盤；除非這位工程師、設計師或是廣告商的行事很魯莽。老實說，唯一合理的兩種回應是直接拒絕或是接受提案並開始投入。

激進的革新背後隱含的是一間公司的長期成就。

這就是為什麼任何企業家都不應該經常性地反對員工的變革提議。他可以避免一定會墜落的攀高，而且他必須避免這種事情發生。

為了了解「每日非洲人」這項廣告活動是否太過火，而去詢問三家可信任、不守舊而且總是跟著潮流走的雜誌編輯——他們不介意走在煽動和反感的界線之間——的意見，這是既愚笨又有效的作法。要笨的聰明人會試著了解——即使如此意謂著詢問他人看法——該如何勇於接受，而不必放棄任何一個絕佳的點子。

注：

這裡可以看到《每日非洲人》的剪報畫面 http://www.coloribus.com/adsarchive/
commercials/diesel-the-daily-african/

我的笨點子

AMICI / 02

改變世界的冒險者

我們支持笨蛋，為了……

成為笨蛋

變得有趣

更加特別

釋放自由

感到真實

或者，只是為了能夠成為笨蛋

捍衛你的權利

可以說是愚笨的行為

特立獨行

也可以說是愚笨的行為

如果你不能成為笨蛋

生命還有什麼意義

做個傻子

也可以被視為勇敢

就像我們親愛的朋友

倫佐・羅素先生

「只有勇者」

愚笨的冒險者

改變我們的生活方式

謝謝你

如此愚笨

也謝謝你

改變了我們的生活

Dean and Dan Caten

DSquared 的設計群

SEI ABBASTANZA FURBO DA ESSERE STUPIDO?

/13

想做個傻子，你夠聰明嗎？

**想做個傻子，
你夠聰明嗎？**

科技是我的遊樂園

　　一直以來，科技總是深深吸引著我。在一九八〇年代，我就改裝了車子的儀表板，嵌入一個按鈕，可以開啟總公司和我家大門，並且可以點亮庭園的燈光！我甚至在車上裝了個電話，以當時的技術，它可是一個大箱子。到了一九九〇年代，我更有幸成為世界盃期間的首批手機試用者。在當時，手機不過是一個小一點的盒子，你還是需要用一個袋子裝著才能隨身帶著走！在公司我也總是採用最先進的技術：我們的工程師和生產線上的專家已經在公司裡研發出更為創新的電腦輔助設計與製造系統（Computer Aided Design and Computer Aided Manufacturing, CAD-CAM）；這套軟體可以用來開發產品外觀，並且大量製造——對外行人來說，它讓你可以用一台電腦就設計出花樣。

　　一九九五年，我們推出了自己的網站，引爆一場革命。我們是第一個做網路廣告的時尚品牌，而且重點還不是為了推銷我們的產品！在那個年代的美國，人們開始透過網路銷售各種商品，所以我想也許我們也應該成立一個網路商店。第一站，我選了瑞士，因為我們找到當地的一間公司保證二十四小時內送貨到府。這件事現在看起來很平常，但那時候的物流沒那麼發達，通常需要三到四天——有時候甚至要耗上一個星期。我們在網站上販售核心商品——牛仔褲——但只有一部分的型號可

選。光是觀察每天有多少人——意即有多「少」人——來逛我們的網站，以及他們挑了些什麼產品，又問了些什麼問題，就十分令我入迷了。當有一天我們賣掉了十六件牛仔褲，我整個人幾乎要樂得飛上天，那樣的愉悅至今依然記憶猶新。

從經濟觀點來看，在當時經營網路商店是沒什麼道理的事。但我深信，你應該要永遠比其他人領先一步。直到現在，我們的網路業績占了整體銷售額的一大部分，而且我們把這部分的營運托給了一個專業夥伴Yoox。

網路已經日漸成為 Diesel 做生意的一項重要溝通工具。我喜歡網路的民主和透明，而且它讓你能夠直接與人們溝通。透過網路，也可以吸引年輕族群和充滿好奇心、消息靈通的受眾。我們在網路上與全世界的粉絲互動，我們的訊息也透過社群網絡散布出去。我們取笑自己，於是我們的粉絲也跟著這麼做。我對於這種小玩意兒的喜好也許顯得幼稚，但它的確幫助了我的公司成長。

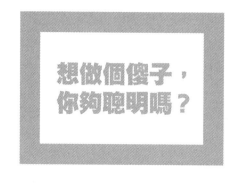

想做個傻子，
你夠聰明嗎？

笨蛋策略

「從經濟觀點來看，在當時經營網路商店是沒什麼道理的事。但我深信，你應該要永遠比其他人領先一步。」一名企業家對於投資未來決不能躊躇不前，因為這些投資中，總有一些遲早會成為你的競爭優勢。

對於許多義大利的公司來說，最有機會創造出持久優勢的三種投資型態分別是：品牌、新市場與科技。

倫佐在這三個範疇都有一流的表現。他不害怕科技，而是熱情地擁抱，並且力圖成為先行者，同時也鼓勵他的同事們一起投入。

很顯然地，先行者要承擔風險，因為早期的技術仍待測試。另一方面，他們作為第一批評估新科技潛力的先驅，將會握有極大的優勢；當這個新科技變成主流後，他們就不怕被困住了。

Diesel成為同業中第一個投入網路世界，而且進行最多投資的品牌，這個現象絕非偶然。網路作為一項工具，可以打破公司內外的藩籬，讓你直接與消費者溝通。但最重要的是，年輕人偏好透過數位工具來溝通，而且年輕族群正是Diesel的策略核心。要是當初慢了一步投入網路科技，可能會嚴重削弱品牌的聲譽。

我的笨點子

LO STUPIDO PROCEDE PER TENTATIVI ED ERRORI. SOPRATTUTTO ERRORI.

/14

傻子有種嘗試，哪怕只有一成的機會

傻子有種嘗試，哪怕只有一成的機會

不可賤賣的商品靈魂

　　做傻子不代表總是會成功。在一九八〇年代末期，我開始在一些國家開設分店。一九九三年，當我決定把觸角伸入南美洲時，阿根廷的布宜諾斯艾利斯（Buenos Aires）正是我心目中的策略重鎮。我在波卡（Boca）買了一棟美侖美奐的房子（直到多年之後才發現，這棟建築中有一半的部分——包括我喜愛的門面——早已被賣給了布宜諾斯艾利斯市府），作為整個拉丁美洲的展示中心。我們甚至在布宜諾斯艾利斯開了三間店面。

　　儘管盡了最大的努力，我們從未成功地經營出合理的利潤事業。由於阿根廷的季節和北美洲正好相反，這些分店必須預期六個月後的潮流以選擇引進的商品。此外，阿根廷的經濟狀況並不好，在我進軍之後沒多久就發生了劇烈的經濟崩潰。即便我多麼渴望成功，依舊被迫關閉了一間分店。

　　另一個「不成功」的故事肇因於我和一間美國的大企業簽署的授權契約。在一九八〇年代末期，Diesel逐漸被視為一個很酷的品牌。在當時，把你的品牌授權給在地廠商生產與銷售是一件稀鬆平常的事。因為想要達到一些了不起的成就，我們都對此興奮萬分；然而，事情演變至最後，要想把我們對於新產品的背景、內涵和熱情都轉移到合夥廠商身

上，顯然是十分複雜的事。無論怎麼努力，他們就是無法理解。在當時，美國的商業環境完全是行銷導向，要想將我們堅持的革新特色解釋清楚是很困難的；於是，我們的合作夥伴開始創造極為簡化的產品，以便他們能夠將價格壓得比競爭對手還低，結果就是製造出一個品質大不如前的混種品。原先我以為我簽下的是一個泱泱大國的絕佳夥伴，最終一定會帶來毫無疑問的成功，沒想到在短短兩年內，我們的合作關係就瓦解了。當時我沒體認到的是，我想要製造的不只是一個商品：它帶有不可賤賣的靈魂。

我的一生中曾經犯下許多愚笨的錯誤，但幸好它們都讓我得以學習、成長，並且厚實我的人生經驗。

傻子有種嘗試，哪怕只有一成的機會

笨蛋策略

我完全同意倫佐的看法：錯誤可以引領一個人和一間公司走上成功之道。

一位成功的年輕企業家曾經這麼告訴我：「想要成功並不斷成長，必須擁有三項要素：領導才能、經驗和失敗。事實上，失敗是成功故事中不可或缺的一環。當然，你的身心必須夠強壯，能夠承擔得住失敗之慟，並且從頭來過。

最佳的公司不是那些從來不曾犯錯的企業（它們不犯錯，是因為它們從來不嘗試），也不會是犯錯比較少的企業。成功的公司會立刻發現自己的錯誤，並且努力尋求解決之道；要是找不到答案，他們也會坦然接受這次的失敗經驗。他們有勇氣重新來過，往另一個方向前進。

你必須夠謙遜才看得到自己的錯誤。接受失敗需要勇氣，為了重來一次，你需要好的人格和道德感。我們可以從「輸家」身上學到的教訓要比我們能教給他們的多得多，如果我們能以「輸家」的態度來看待現實，就能培養出傻子的所有特質。作為一個大學教授，我知道這種態度很難具備，但是就長期來看，培養這種態度是值得的。

我的笨點子

CIAO, STUPIDO. ADDIO, PANTALONI. /15

傻子才會不斷超越

傻子才會
不斷超越

對大眾說故事

　　當低腰褲蔚為潮流時，我洞察到了未來。與其將你的內衣藏在外衣之下，何不以之作為一種表達──自己，和自己的性格──的途徑呢？多年來，內衣市場都由Calvin Klein獨霸一方；然而，內衣應該可以突破單純的黑白色調，添加更多的色彩、花樣和設計。我們運用了T恤上的相同概念，但這次要表達的是一個經常被隱沒的東西。即便衣不蔽體，也可以創造出趣味，激盪出一種生活風格，為你誘惑一個伴侶到手。我們的內衣一推出就極為成功，而且又一次，我們改變了人們看待某個事物的觀點──這一次，就是內衣。

　　簡單的作法可以是邀請知名足球明星或頂級模特兒，請他們穿著我們的產品，然後拍下他們美麗的胴體。但我們是笨蛋。

　　我們雇了兩名年輕女子──都稱呼她們為海蒂（Heidi）──然後捏造出一個關於她們「綁架」我們的內衣推銷員胡安（Juan）的故事。她們將胡安手上的樣品偷來試穿，並且把他關在旅館房間裡整整一星期。這個房間事實上就像是《老大哥》（Big Brother）真人實境秀裡的場景，四周一共有八支攝影機全天候二十四小時、一星期七天不間斷地攝影，而且畫面會連結到同樣被這兩位年輕女子「駭」入的Diesel.com的網站上。這個活動是在社群媒體風潮第一次興起時進行的：兩位海蒂利用MySpace和YouTube來傳播她們的訊息，以及展示「監獄」的影片和照片。我們邀請觀眾投票預測這兩位海蒂會對胡安使出什麼折磨手段

——例如蠟封他的雙腿，或是將冰塊倒進他的內衣。所有的惡作劇都可以在網路上看到，而最爆笑的畫面更是固定在YouTube上播映。

在那一週的尾聲，我的兒子史帝凡諾（Stefano）闖進旅館房間解救胡安，但胡安卻因為冒險即將結束而顯得不甚開心。史帝凡諾被迫脫下內衣褲，還承諾給兩位海蒂一紙廣告合約！

這種新的溝通方式造成了雪球效應，愈滾愈大。又一次，行銷世界認可我們的創新點子，以及將大眾潮流——《老大哥》、社群媒體——和品牌溝通有效結合的能力。

注：
兩位海蒂的youtube頻道：http://www.youtube.com/user/Heidie1And2

笨蛋策略

這一章談到了兩個主題。一個是利用吸引年輕人的社群媒體；第二個則是以雙管齊下的方式擴展業務，而這一次是搶進內衣市場。平行成長要想成功，其策略很簡單：先在一個領域成功之後，再移入另一個類似或相關的領域。

許多成功的時尚品牌已經嘗試過這種平行成長，但它的確也有風險：你可能會因為誤入一個與原本品牌形象不甚相同的領域，而沖淡了品牌價值；你可能會發現新大陸裡的競爭截然不同。這種擴展的優點是，你也許已經握有一些可以善加利用的資源（在Diesel的例子裡，意即一個知名品牌、優良的溝通技巧和穩固的配銷網絡）。最重要的是，你防止了公司掉入不發思索的惰性中。只要堅持下去，成功的桂冠遲早會落在你手中。為了平行擴張，企業必須針對新產品再一次追求成長，並將因此而累積嶄新的能量。

Diesel採行的方式十分恰當：它選擇進入一個關聯性高的市場。為了鶴立雞群，它施展了創新的溝通策略。更重要的是，它從來沒有忽略自己原本的強項，畢竟那還是它獲利的重要來源。

我的笨點子

AMICI / 03

向美國人挑戰的新哥倫布

幾千萬年前的某一個早上，一位鬍渣男披著一身毛皮，滾動一棵厚重的樹幹回到他的洞穴裡，他宣稱這樣的滾動方式是很有用的，旁人嘲笑他的愚笨，還建議他不要離開洞穴太遠，否則一些饑渴的動物跑得比他快，一定會把他吃下肚。

倫佐，你身處在一個好公司裡。人們曾經警告哥倫布，如果他不改變航道，硬要朝那個方向航行下去，可能會掉到地球之外，或是遇到吃傻子的怪物。

你也許比哥倫布還「愚蠢」吧。他發現美洲大陸，而你發現了事物可以被一再地重新開發。有一種東西在世界各地都代表了反叛、自由、平等和個人特質的象徵，那就是你所利用的工具：一件牛仔褲。

牛仔褲早就問世了，而且它們是美式風格的，代表了美國價值在一個自由、解放世界上的影響力。你重新喚起它們的重要性，而且你讓美國人以嶄新的視角看待這項商品。倫佐，你真是笨啊！你怎麼敢妄想對美國人賣牛仔褲呢？

在世界各地旅行時，每一次我看到Diesel的品牌——幾乎是到處都看得到——都會思索一下還有什麼可能性；但我也會感到自己和你一樣地笨。這個世界需要傻子，以及和你一樣愚蠢的點子。

傻子看得到不存在的事物，即使旁人說他們是笨蛋。但那些事物真的存在啊，你只是需要以滿腹的熱情、才能和努力不懈的精神去把它們帶出來，因為有時候光有傻勁是不夠的。

我第一次看到「要笨」的廣告時，正踩在我的單車雙輪上，我立刻停下車，並且投以一個大大的笑容，以示崇敬。

倫佐，你做得太好了。你又成功了一次。只消兩個字，你就充分

表達了我們這個世代的精神。

你的朋友，羅倫佐・「喬瓦」，一個受到激勵的笨蛋
（Lorenzo Cherubini，義大利作曲家、歌手、饒舌樂手）

LO STUPIDO HA PIÙ AMICI.

/16

當傻子才會讓人才靠過來

當傻子
才會讓人才
靠過來

來自世界的
熱血團隊

　　人們會犯的一個最大錯誤就是認為自己可以一手包辦某件任務。我的職業生涯已經超過三十個年頭,至今我依然將許多時間投入在選擇夥伴和同事上頭,而且我還是渴望從他人身上學到東西。

　　在「耍笨」廣告中,我最喜歡的一句話是「聰明人看到現況,而傻子看到可能性。」當我召募人才時,總是會將這句話銘記心頭;在我基於這項哲學而雇用的人之中,也有一些人的確開創出不了得的事業。

　　一直以來,我相信兩件事情。第一,饑渴的人比成功的人更有決心和動機:這就是我經常尋找第二名的原因,他們經常躲在老闆背後,卻是真正在做事的那個人;他們知道這一點,而且想要憑自己的力量發光發熱。至於我的第二個信念,不妨以我的個人經驗作為佐證:有些人的天生資質遠比他們的頭銜來得有價值,而且他們的成就可以超越現在已經達成的境界。舉個例子來說:我曾經雇用一個在加油站認識的酷男孩,讓他做德國地區的業務員——結果他極為成功,後來還送我一輛保時捷(Porsche)!我也曾經從義大利一間歷史悠久的電信公司挖到一名員工,讓他成為我的第一位通信部門主管;在我們的齊心努力下,為公司贏得了坎城廣告節的第一座金獅獎。一九九〇年代中期,我是時尚界第一位從大企業——如Danone、Proctor & Gamble和聯合利華(Unilever)

——挖角主管級人物的人。

　　這麼做簡單嗎？愚笨嗎？在當時看起來似乎是的。這種作法有效嗎？幾乎總是肯定的！時尚是我唯一熟稔的領域，但是一旦我們開始想要做大事，幾乎立刻就會發現時尚界的人才頗為平庸。我被美國人深深吸引，尤其是美國的企業，因此我聯絡了一些國際獵人頭專家，告訴他們我的需求。很幸運地，我找到一些和我一樣愚笨的獵人頭高手，他們開始向我介紹那些也許永遠不會出現在我的雷達圖上的人才；這些候選人一定曾納悶過自己在那裡幹什麼！這真是一個新體驗，不消說，一開始肯定是充滿挑戰的。那些與我長期合作的同事可能會說：「這傢伙到底懂不懂丹寧布或生活風格？他賣的可是牙膏和零食！」這些新人——習慣了嚴謹的市場分析和不同的專業標準——告訴我，我們做的每一件事都是錯的，而且我們必須改造整個組織。為了達到更高的銷售額，他們想要改變公司的 DNA，那可是我花了這麼多年悉心栽培出來的。有一天，我進公司後，在桌上看到十封離職信！於是我禁不住放聲哭泣。我到底都幹了什麼好事啊？但一個人的視野通常在遇到危機時會是最清晰的，而這正是當時發生在我身上的狀況。

　　最終，我們打造出一個兼具熱情和專業的團隊，這是公司上下的附加價值——一個勝利組合。直至今日，我的團隊依舊不斷地讓我感到驚奇與驕傲。當我看著別家公司，即使規模與組織都更加龐大與健全，我還是禁不住慶幸自己能夠與現在的團隊一起工作。

**當傻子
才會讓人才
靠過來**

笨蛋策略

這一章的開頭就揭露了一個重要的事實:「人們會犯的一個最大錯誤就是認為自己可以一手包辦某件任務。」在公司前進之前企業家必須先意識到這一點。少了這層體認,他們將無法把責任交出去,也無法吸引工作表現一流的管理者。

這一章還提出了不少中肯的要點——有些是針對時尚產業,有些則是商界可以通用的原則。其中之一是,企業需要新的管理者,包括來自不同產業的人才,因為他們可以帶來新的經驗。你也必須要求既有夥伴重新充電。在一整章中,最令我驚奇的是倫佐為了讓內行人與外行人一起工作而貢獻的大量心力:他力促從其他產業跳槽過來的新人與原有的長期工作夥伴整合共事。許多商業人士將全副精力都投入產品與市場中,其他人則是專注在生產製造的過程;還有一些人只將眼光放在事務的經濟或金融層面。我相信,如果有更多商人願意花更多時間與人群接觸——聊天與傾聽——整個商業世界都會大大地獲益。讓每個人都能在其中找到自己扮演的角色,這是很重要的一件事。如果你不這麼做,一旦人們處在無法持久的獲利水準時,你很可能會忽略這個問題,或是不經意地營造出投機的氛圍,而我們都知道這將導致什麼下場。羅素寫作本書的目的並不是要給讀者上課,但是這一章內容值得我們仔細詳讀——它會令人驚愕。

我的笨點子

LO STUPIDO È PIÙ CREATIVO.

/17

做傻子才能擁有真實的成就

做傻子才能擁有真實的成就

Diesel 躋身高級時尚

在一九九〇年代，奢侈品市場開始擴張：知名品牌崛起，顧客似乎願意花更多錢來買獨一無二的產品。我被奢侈品市場的商業模式深深吸引，基本上就是生產少一點，但是把賭注押在品質上。

對於 Diesel 來說，這種商業模式意謂著製造限量的優質牛仔褲，讓每一件都很獨特。我們是所謂的「精品丹寧褲」（premium denim）的開路先鋒。由於它實在太成功了，我認為應該要為喜歡獨特性的消費者進一步創造出裁切講究的產品；於是，我們推出一個延伸系列，名為 DieselStyleLab。正如它的名字所示，這一系列產品的設計的確具備了高實驗性。

為了打造這條路線，我需要求助於了解義大利手工藝的高階時尚品牌，它們懂得如何製造出精巧剪裁的服飾。我聽說 Staff International 這家公司已經為許多知名品牌如 Vivienne Westwood、Ungaro、Missoni、Costume National、Karl Lagerfeld 和 Maison Martin Margiela 代工生產，幾乎就像是那些謹慎、精準地在幕後工作的裁縫師。儘管擁有很高的工作品質，Staff International 也曾歷經一段艱辛時期；事實上，它們甚至面臨了倒閉危機。不過，當時 Staff International 已經開始為 DieselStyleLab 生產，我不想看到它們關門大吉。所以，在一九九九年，我決定把整間

公司買下來。此舉意謂著我將要進入一個完全陌生的領域：時裝世界。

在接管 Staff International 的同時，我大可以遵循傳統的作法，讓公司經歷破產程序，那麼我就可以不必承受它的債務，也不必煩惱過多的人事壓力。然而，我做了一個愚笨的選擇，為了避免它的專業消失，我重新組織這家價值無存的公司。直至今日，我還記得接管公司的那一天：員工們都顯得既困惑又擔憂。他們心裡也許納悶著，為何一個只做過牛仔褲的傢伙能夠讓這個精品時尚公司成長。在當時，整個氛圍是艱難的，甚至帶點敵意。高級時裝界始終有點瞧不起休閒服飾界，所以我將重組公司的重點擺在引進具備創新思維的管理專家。我試著將自己對於丹寧布的知識與他們的裁縫專才結合。有些品牌被保留下來，另外一些則被放棄，因為它們不符合我心目中對於時尚的未來想像；除此之外，我也帶入了一個新的品牌，不久之後就證實是一次成功的投資：DSquared2 —— 為我的世界和 Staff International 的世界搭起一座橋梁的品牌。它象徵著今日時尚界一個主要的利基市場：奢侈休閒。

透過 Staff International，我發現了一個充滿活躍設計師的全新世界，也因此有機會認識梅森·馬汀·馬吉拉（Maison Martin Margiela）—— 一個很特別的極簡時尚品牌，既前衛又具實驗性質，近乎一種藝術。這個品牌的創始人馬汀·馬吉拉是一個神秘人物：即使高級時尚界尊崇設計師的個人特質和領導魅力，他還是拒絕任何採訪，也從不拍照。馬汀是一個真正的天才，他的作品挑戰了人們對於服裝的傳統看法。他將高級時裝拆成一片片，再拼湊縫合起來，非常高明地重新詮釋了經典。

某天，當他詢問我是否有興趣合作，協助他開發新的路線，想當然

爾，我接受了。後來我發現，雖然馬汀當時已經收到一些時尚界大集團的邀約，但他還是選擇了我，因為他明白此舉可以讓他自由發揮與實現自己的遠見。

二〇〇二年，我開始與馬汀合作。這位特別的人物，在方方面面都是一名真正的藝術家，他的眼光獨到，適用於許多領域。針對我碰上的每個問題，他都能找到一個解決方法——只需短短幾分鐘，他就能帶著自信與魅力回應我——而且總是很合用又具遠見。我們開始將管理技巧與科技帶入公司內部，並且開發出好幾條路線——從服飾到配件——總的說來，足以充分詮釋馬吉拉的世界：白色、獨特、不落俗套。我們在新開的品牌專賣店推出這些新品，但與梅森公司的合作不是很容易：我想要引進新興的成長策略，但同時又要維持品牌的精神和原創性。如此意謂著，重建公司的時間將會拉長，但最終我對結果感到非常驕傲。透過這樣的開發過程，梅森公司成功地提升了它們的表現。同時，我在時尚界也贏得了尊重。直到今天我仍然相信，那些想要開發潛能的年輕設計師會認為梅森公司是最棒的工作場域。

很幸運地，我從一開始就能和馬汀合作，有他的一臂之力，整個梅森公司得以運作地更有效率。他絕對是這次革新的功臣。

為了投入更多心力在藝術與旅行，馬汀近日決定退休、離開時尚界。我非常尊敬他，並且也尊重他的選擇。

二〇〇三年，我們成立了「唯有勇氣」（Only The Brave）控股公司，旗下包括了Diesel、Maison Martin Margiela、Staff International和最新併購的Viktor & Rolf。

同一時間，Diesel推出了它的第一條高檔產品線——Diesel黑金

（Black Gold）──這是Diesel生活風格的高級版。所有在Only The Brave
底下的品牌都代表了我心目中的「新奢華」。

做傻子才能擁有真實的成就

笨蛋策略

在公司前進發展的某些時刻，領導者必須決定是否要自信十足地踏入相關領域。倫佐在內衣品項成功了，很自然地會開始探索其他機會，但他選擇了比較少人踏上的一條路。首先，他尋求一間高級成衣公司來為他打造一個更獨特的Diesel路線；接著，當他看到自己萬中選一的公司陷入困境，他就決定買下這家公司，而不是見異思遷。除此之外，他並沒有透過破產程序來收購，否則可能會損失掉一些珍貴的技術；相反地，他把眼光放遠，決定自己重新組織這家公司。重建之後，當他進入一個全新的世界，便謙遜地放下身段，所以能夠「傾聽」這個領域的專家之言（例如馬汀‧馬吉拉），同時，他也將自己在科技、管理和生產策略上的知識分享給對方。為什麼馬汀和倫佐會成為朋友？也許就是因為倫佐不會炫耀自己的才智或財富，也可能是因為他不會批評梅森公司的缺陷。

一名精銳的財務分析師可以告訴你「唯有勇氣」這個品牌（不包括Diesel）現在的表現，但傻子也許會對一個事實更有興趣：如果Diesel沒有採取這條途徑，它永遠不會認識高級成衣的世界。多角化經營長期而言可以幫助一個家族事業降低風險。

我的笨點子

SII STUPIDO: NON VORRAI MAI ESSERE DA NESSUN'ALTR PARTE.

/18

傻子，一當就上癮

傻子，一當
就上癮

第一間時尚旅館

有一回，為了尋找某個系列的靈感，我前往加勒比海享受海洋和熱帶島嶼的氛圍。途中，我與我的設計師瑞尼（Reny）在邁阿密稍作停留。我們去了南灘（South Beach），那邊的海岸沿線有一處頹疲的小社區，而其中的建築和設計令我驚為天人。當時，在海洋大道（Ocean Drive）周遭的裝飾藝術風格建築正逐漸傾毀，還住在那兒的只剩下從北方南下避寒的退休老人們。

然而，整個環境是神奇的：燈光令人炫目，讓這裡成為時尚攝影的理想地點。舊建築、老人家，搭配美麗的模特兒和海灘，我深深著迷於如此新奇的組合，並且意識到這是一個非常適合發展的地點，也許正是投資的好時機。

我不禁愛上了其中一棟建築：建於一九三三年的Pelican旅館。四十八小時之後，那間旅館就是我的了。當我回到義大利，我的執行長對於我在世界另一端做了這麼匆促的決定大為光火！即使我的美國同事也說我的點子完全錯了，所有美國人都不看好邁阿密，認為那是一個充滿罪犯和非法移民的城市。他們說，沒有任何美國人會在南灘度假。

我對於自己的笨點子很有信心，完全相信南灘有潛力成為一個熱門的度假景點，不只是屬於美國人的。那個海灘實在太美麗了，而那些無所事事的人們也太迷人了。所以，我決定打造一座不同以往的親切旅

館，把每一間房布置成不同的主題，讓訪客都能有賓至如歸的感覺。邁阿密不曾出現這樣的旅館，當我把這個點子告訴我的創意團隊時，大家都感到十分興奮。即便這是個高明的主意，我還是需要有人來檢視整個計畫。

這個萬中選一的人是馬格努斯（Magnus）。當時他在瑞典做牛仔褲的生意，為我們的瑞典辦公室裝潢費了不少心力。我把他送到邁阿密兩年，負責監督Pelican的工程，而這個主意之古怪，就如同馬格努斯的風格。我向他說明心中的想法：打造第一座時尚旅館。

它必須是一個特別的地方，每一間房都要獨一無二。來訪的客人們會自問：「我今晚想要成為什麼人物呢？」或者櫃台服務生會問：「您今天的心情如何呢？」然後，客人們就可以依自己的心理狀態選擇最適合的房間。在Pelican，房間主題有極簡風、工業風、高科技風、迷幻風等等，還有像是妓院的或是反映出不同年代的房間。不論你當下的心情如何，二十七間房當中總有一間會適合你。（我甚至在頂樓給自己搭建了專屬的休閒空間。）

當時旅館需要一位經理，而我正好有位朋友在巴莎諾（Bassano）管理一間小餐廳。他具備兩個關鍵特質：他知道一切關於食物的知識，也知道如何娛樂客人；於是，我興起了一個愚笨的點子，想要把他請來邁阿密。此舉會完全改變他的生活，他必須賣掉自己的餐廳，投身在一個至少複雜百倍以上的旅館經營中；他將會面臨諸多難題，以及一個他不懂的語言。

今日，到國外工作並不是一件稀奇的事，但是在二十年前，我們還無法像現在這麼輕易地溝通，把人們「運到」世界的另一端可真是十足

的瘋狂主意。我希望Pelican旅館可以傳達Diesel的哲學和我個人的生活風格。我想要營造一個像是家族生意的氛圍，以親切的態度接待客人，並且與他們培養關係；事實上，這個想法隱含了我這一生做事的原則。不過幾年的時間，Pelican就被尊為全球五十大精品旅館之一，非常受歡迎。

Pelican實可說是全球第一間時尚旅館。自一九九三年開幕以來，海洋大道上的其他飯店都重新裝潢了，南灘也搖身一變成為世人最喜愛的度假勝地，特別是對美國人來說。這整個地區截然不同於以往了，叫當時嘲笑我的人意想不到。

傻子，一當就上癮

笨蛋策略

除了內衣和高級成衣，經營旅館的機會不請自來。「愚笨」的企業家從來不停下腳步，也永遠不會對任何挑戰低頭。

成功方程式的元素總是一樣的：嘗試新事物的衝動；愛上一個不知名地區的老房子（因此可以節省投資成本）；提出徹底創新的主意（一間時尚旅館）；與一名瘋狂的瑞典人合作（願意完全改變生活樣貌的馬格努斯）；一位了解待客之道的專家（巴莎諾的餐廳老闆也同意放棄原有的一切，換一個新的生活）；以及一種態度友善、與人連結的生活方式。

也許正是這種將穩固的傳統價值——例如友誼和親切——和激進的現代思維——像是全新的待客觀念——整合起來的能力，才讓Pelican旅館變得如此成功；總的說來，倫佐本人的成就和Diesel的生活風格是基於相同的道理。如果你不一直跟時代的腳步前進，就別想和當代的人們對話——尤其是年輕人——但如果少了傳統的元素，你也無法讓人們感到舒服——也就是有家的感覺。一旦少了以上兩者，你就永遠不可能在公司內外形成一個社群。

正是這樣的一個社群，為Diesel長期以來的成就打下根基。

我的笨點子

LA STUPIDITÀ SI DIFFONDE.

人天生就有傻勁，後天也可培養

我們一家人向來都很親近。農家背景和簡樸的教育讓我們強烈地擁護某些特定的價值觀和情感，但最棒的一件事是：這些價值結合了一種觀看世界的獨特方式，國際化又具有開放的胸襟，帶著詼諧的幽默感——簡言之，耍笨！

當我們還小時，父母幾乎每個夏天都帶我們去拜訪祖父母。我們總是期待萬分，而且一到那兒就會做出許多笨事。我們會偷偷溜進停車場開拖曳機，或者跳進玉米倉裡玩，也有的時候我們會開著祖父的小車 Fiat 126，在田間歡樂暢遊。

然而，我們的童年不全然那麼普通——我們花了很多時間在Diesel。在孩提時期，我們甚至會在父母工作時，躺在整箱的牛仔褲上頭打盹。為了打發時間，我們發明了許多遊戲，像是從成堆的牛仔褲山上滾下來，或是用紙箱和膠帶來蓋房子。

一直以來與公司形影不離的關係，讓我們得以從年輕時期就比其他人看到更多事物，也因此讓我們對於「特立獨行」抱持非常開放的態度。為何這麼說呢？看看以下這些不尋常的現象吧：當你才十歲時，父母會帶著你去俱樂部欣賞時裝秀；各種髮色和髮型的陌生人經常在家裡走動；在世界各大洲之間飛來飛去，參觀各個生產工廠，還稱之為「度假」！也許這就是為什麼我們這些小孩在畢業後都出國

了：我們想要表達自己內心對於「笨蛋」的偏好。

　　人天生就具有傻勁，而我們很幸運能夠生活在一個對笨蛋來說很理想的環境。

　　不過你可以透過後天培育成為一個「傻子」，只要你有足夠的勇氣去改變，以不同的方式做事，並且擺脫命運在你身上的桎梏。這就是「懷抱遠見」的定義──看到事物的可能性，而不只是它現在的樣貌。

　　這就是父母教給我們最重要的事物，而我們將永遠感激不已。

　　自由吧！勇敢吧！耍笨吧！

Andrea, Stefano 和 Alessia Rosso
倫佐的孩子們

ESSERE STUPIDO TI FA BENE.

笨一點對你是好的

唯有勇氣基金會

　　我認為生意人一定要回饋，無時無刻：對他的員工、對他的顧客，以及對整個世界。

　　這就是為什麼我總是參與各項人道專案，特別是地方性的和鎂光燈不會關注的小計畫。我從不吹噓自己的投入；我比較喜歡低調。

　　有一天，我與西藏達賴喇嘛碰面。他告訴我：「你應該盡可能利用你的名聲！人們知道你是誰，所以你的名字是有力量的。你可以引起那些願意幫助你的人們的注意。」

　　他建議我更嚴謹地架構自己手上形形色色的慈善活動。「你是一名商人，」他說。「你的工作是賺錢，所以就專注在那上頭吧；但是你需要一個團隊，可以幫你把賺來的錢花在其他好的用途上。」

　　所以我成立了「唯有勇氣基金會」（Only The Brave Foundation），這是一個非營利機構，宗旨在於動員年輕人並強化他們的能力，以期最終能終結貧窮。我們的基金會致力於經濟發展、教育和健康議題。我們很少把錢花在行政事務上，所以真的能夠專注於幫助人們。

　　如今，我們把10%的資金投資在原本立基的範疇中：這些錢被用來為學校添購電腦，為孩子們組建球隊，也用來舉辦地方性活動；對於需要協助的家庭，我們不是單純地透過金錢援助，而是為他們創造就業機會。基金會剩下的錢都花在海外事務上。目前，我們最大的

專案是幫助一個在馬利（Mali）的兩千人社區，他們即將擁有自己的學校、農場、保健設備和體育設施，而不必再處處依賴外援了。我曾經親自拜訪過這個村莊，並且和那裡的人一起工作，將我的經驗貢獻在這個專案上頭。我希望它能成為一個社會發展模式，那麼其他地方也可以仿效之，以便改善世界各地的生活環境，達到接近已開發國家的水準。

許多人都給過我好建議，U2合唱團的主唱波諾（Bono）曾經告訴我：「政府沒有足夠的金錢來支持所有的人道機構。一切取決於生意人了。」

像是波諾和賈伯斯這樣的人，非常擅長於溝通，所以他們才能夠達到那麼多的成就。至於我呢，也想要扮演好自己的角色。

我夢想，將自己的「愚笨」貢獻在一件事上：讓這個世界更美好。

結語
笨蛋是無藥可救的

在「笨蛋」廣告活動結束之後，其背後蘊含的哲學還是留存在 Diesel 的 DNA 中。我們發現要停下嘗試和實驗的腳步根本就不可能，因為那就是我們一直在做的事。當我回頭閱讀本書的一些故事時，這才發現耍笨是一種解決問題的方式。一個愚笨的決定，與其說它像是從一場災難般的旅程，變成人們事後津津樂道的一回愉快冒險；倒不如說它通常是在塵埃落定之後，才令人驚覺原來這是個好主意。一件手工牛仔褲可以激勵一名年輕人更上一層樓；一間規模過於龐大的店家可以迫使它的老闆嘗試新的零售手法；一家未經考驗的廣告公司可以改變人們看待時尚的方式；一種非傳統的贊助手法可以演變成一種培育人才的方式；此外，衝動購買一間破爛旅館竟能創造出一場獨特的旅行體驗。

從本書中習得的另一個關鍵課題，是關於我們召募員工的方式。回顧過往，很顯然地我們幾乎不曾以傳統途徑來召募員工。我們通常會把他們從安適的環境中拉出來，丟進另一個他們幾乎沒有經驗的環境中，看看他們會如何應對。想當然爾，他們的天真無邪會致使他們以不同的方式行事，而結果通常都頗令人驚奇的。

「耍笨」意謂著對各種可能性抱持開放態度：擁抱失敗的可能

性；拋開地圖的指引；忽略理性的微小聲音；留意瘋狂的呼喚。

　　「耍笨」就是一百八十度的大轉變。我們公司透過不斷地嘗試錯誤，持續成長；在讀過這些故事之後，我希望你能從中得到一些工作上的啟發。我決不提倡魯莽行事──「耍笨」不是自殺，不論在實質上或財務上。我想說的只是：保守的玩法不會帶來創新。路很長，而且一路上有許多做出聰明選擇的機會。試著避開它們吧！

　　享受 XXX，

RR

感謝

　　我想要感謝一些讓本書得以付梓的人：Guido Corbetta 教授——即使不曾見過我，仍同意為一位老笨蛋所經歷過的故事提供一些客觀、專業的評論；Antonella Viero ——幫助我喚起許多回憶並寫下來，讓讀者能夠看到真實的我；我的兒子 Stefano ——作為本計畫的監督者，以熱情、謙遜和誠懇的好奇心來理解、說明和學習有關我們的發展歷程。

　　最後，我想要謝謝所有一路上曾經打過照面的人們：你們激發了我的耍笨心，促使我做出愚笨的選擇，並且鼓勵我成為眾人中最愚笨的一位。

為了美好的生活

倫佐・羅素

特別感謝 Arianna Alessi